LOCUS

Smile, please

Smile 204

帶牠回家的路上：行為獸醫師想告訴你的十一則故事

作　　者　徐莉寧（獸醫師阿默）
插　　畫　水目八
責任編輯　方竹
美術設計　許慈力

出 版 者　大塊文化出版股份有限公司
105022台北市松山區南京東路四段25號11樓
www.locuspublishing.com
locus@locuspublishing.com
服務專線　0800-006-689
電　　話　02-87123898
傳　　真　02-87123897
郵政劃撥帳號　18955675
戶　　名　大塊文化出版股份有限公司
法律顧問　董安丹律師、顧慕堯律師

印務統籌　大製造股份有限公司

總 經 銷　大和書報圖書股份有限公司
新北市新莊區五工五路2號
電　　話　02-89902588
傳　　真　02-22901658

初版一刷　2024年3月
初版二刷　2024年5月
定　　價　350元
ISBN　978-626-7388-37-2

帶牠回家的路上

行為獸醫師想告訴你的十一則故事

獸醫師阿默 徐莉寧 著

目次

推薦序：人與毛孩的故事集

這不是另一本傳授行為訓練的工具書，也不是要用二十招教你搞定毛小孩的困擾行為，《帶牠回家的路上》，像是講述親子關係的故事集，而故事的其中一方換成了不講人話的狗貓，這就讓事情變得有趣多了！

近年來，狗貓在我們的生活中不再只是所謂的家畜，而是伴侶動物（companion animal）及家人。因此衍生出對於動物行為所產生的好奇，甚至想知道牠們的想法，想知道牠們對於我們的想法，也讓動物行為專家，寵物訓練師，甚至是寵物溝通師成為當下最夯的行業。行為獸醫師（Veterinary Behaviorist）可能是一個很陌生的名詞，而到底是什麼樣的臨床獸醫工作可以變成一本不像教科書也不像工具書的書呢？

行為醫學（Behavioural Medicine）是一門很複雜的科學。在人身上，這是一門結合醫學與心理學的科學：它必須整合生理、行為、心理、社會學與健康和疾病相關的知識。它涵蓋了行為學、社會學、心理學、生理學、藥理學、營養學、神經解剖學、內分泌學及免疫學等。在動物身上，又必須涵蓋演化史、基因學、生態學、各物種行為學及動物學習理論等。因此，行為獸醫師的工作不是一般想像的看看診、摸一摸、開開藥而已！

想要「破關」，行為獸醫師的日常就像虛擬遊戲的玩家一樣，須要先預習八到九頁長的問卷，將現有的影像資料先看過一遍，再帶著剩下的疑問，深入飼主與狗貓的生活來一窺究竟。單一個案的初診評估過程必須包含評估個體生理與心理上的狀態、生活環境、作息安排、人寵的互動關係，與其他家庭成員或是家庭寵物的互動關係、飼主的期待等，來做出適當的醫囑與建議。

很多時候，人寵關係走到準備面臨分手的那一刻——這裡指的分手不是指棄養，而是不再有餘裕表現跟寵物相處的熱忱與耐心，是準備將牠們打入冷宮，隔離在人類豐富的生活圈之外。通常掙扎是否再給狗貓一次機會時，行為門診可能成為人類走投無路時的「絕招」。

以下是一些行為獸醫師經常會默默聽到的「分手通知」：

＊我什麼方法都試過了，都沒有用，我想說吃藥試試看？

（抱歉，吃藥不會解決問題。）

＊我希望牠可以這照我想要的這樣或是那樣，為什麼牠做不到？我以前養的狗都可以！

（狗貓是活的，不是寫電腦程式，我們也要考慮到牠們的處境是否有條件做出有效率的學習。）

行為問題的治療絕對不能是頭痛醫頭、腳痛醫腳，這種完全忽略問題來源的處置方式只會讓問題更加看不見希望。行為治療需要完善的計畫，從環境刺激著手來避免狗貓情緒失控；重新架構新的學習條件或是減敏訓練；對於情緒調節有障礙的個體可能需要評估藥物的介入；總之，必須在以保護情緒為前提的基礎上，讓狗貓有時間做緩衝，找回生活的步調，重新建立生活的安全感，甚至重新建立與家人的互動。但互動是雙向的，當懷抱著飼養寵物能舒壓卻成為身心上的壓力時，飼主會失去耐性、對狗貓失去信心，最後只能懷念狗貓崩壞之前的各種美好，惆悵那些回不去的時光，看了好令人心碎。我們在行爲治療上秉持著人本的思維：人過得好，狗貓才會過得好；要共好，才是最好。醫囑的設計，通常是先讓人類和寵物的生活回歸正常——好好睡覺，好好吃飯，甚至先各過各的都沒關係。等大家都準備好了，再走下一步也不遲。

這樣聽起來，跟著醫囑走，應該很容易吧？到底臨床獸醫工作是有什麼故事可以寫？事實上，很多時候，在人與動物之間，真正卡關的是我們人類，尤其在這個資訊傳達過度快速的世界，人的耐心愈來愈縮減，讓我們沒有時間「等」。花時間等動物的狀態回歸平穩，似乎是一種浪費。在幫狗貓和飼主建立溝通的橋樑的過程中，我們無法視而不見，也很揪心的是人類對動物所缺乏的「同理心」。我常常說，you can’t last a day in your dog’s shoes（人當狗，撐不過一天）。現在的社會與以前相比，生活複雜度要高出許多；犬貓須要適應與學習的事情，以及人們對於狗貓的要求也多了很多。現在，在帶牠回家的路上，我們對這位新的家庭寵物抱有多少期待與冀望？我們想要牠們乖巧地陪伴與服從，卻不能接受狗貓偶爾需要「做自己」。我們想要牠們親人友善，卻不能接受牠們的「分離焦慮症」所帶來的困擾。

狗貓在出生之時，可惜媽媽沒有給牠們一本「人類使用手冊」，如果依據人類生活必須習得的各種規矩來看，完美的貓狗可以媲美一歲就唸完大學的神童：具備各種場合的社交禮貌、坐車不會哭、散步不暴衝、獨處安定不會破壞等。哎，天底下沒有完美的狗貓，事實上我們也不完美，若能夠理解物種與人類的差異，了解物種的行為天性，尊重牠們需要表現自然行為的需求，提供可供自然行為表現的環境，也許我們就可以像以前的人一樣，跟動物共榮共好。

在《帶牠回家的路上》裡面，徐醫師寫出了人寵相處之間的矛盾，而這個矛盾可能來自於我們期望寵物晉升為家庭成員後應有的「倫理」，也可能來自於「我是為牠好」的自我要求。個案治療不一定都能完美落幕，因為很多時候我們必須接受飼主也同樣經歷著感受、情緒、需求的浪潮，這會讓他們不容易去對現況做出改變。而「改變」，是不能強求的，只希望他們還能找到片刻的寧靜，還能享受與狗貓共同生活的美好。

希望對於飼養寵物仍懷抱期待的你，或是正在面臨動物行為問題困擾的你，在看完這本書之後，仍然願意繼續走下去！

會思考的狗行為獸醫團隊 創辦人 林瑋真獸醫師

推薦序：深入動物行為的探索

親愛的讀者，

歡迎您閱讀這本關於臨床動物行為學的書籍，這是一場對動物行為深入探討的冒險，莉寧獸醫師將帶著各位讀者一同探索這個充滿驚奇與理解的領域。伴侶動物一直以來都是我們生活中不可或缺的一部分，而這本書的目標是深化我們對伴侶動物行為的認識，特別著眼於在臨床層面上伴侶動物與飼主之間的關係及互動，以幫助讀者們能更好地理解並應對動物的行為問題。

在這本書中，莉寧獸醫師將從動物行為學的基本原理開始，深入探討動物為什麼會表現出某種行為，這其中的生物學和心理學機制是怎樣的。這不僅僅是一場對科學的探索，更是對動物世界的一種敬畏之情。了解一隻貓咪或是狗狗為什麼會對某種刺激作出某種反應，這不僅使我們更能建立起對牠們的信任，同時也為我們提供了更好的方法來滿足牠們的需求。

接著，莉寧獸醫師將以十一個主題、十幾個活生生的案例，深入研究不同犬貓的行為模式——每種動物都有其獨特的行為特徵。莉寧獸醫師將深入探討這些特徵的背後，以及如何更好地與這些不同物種相處。這不僅僅對於伴侶動物飼主是一種實用的指南，同時也為獸醫師提供了更有針對性的臨床治療方案。

書中的一個重要焦點是探討常見的動物行為問題及其解決方法。從焦慮到攻擊行為，從過度撕咬到不適當的排泄行為，莉寧獸醫師將透過科學的角度，深入分析這些問題的根本原因。更重要的是，我們將提供一系列的實踐建議，以幫助讀者更好地應對這些問題，同時促進動物的身心健康。

除了針對單一個體的行為問題，我們還會關注動物行為與人類的互動，特別是伴侶動物與飼主之間的關係。這種聯繫對於動物的幸福和家庭和諧至關重要。因此，莉寧獸醫師將分享一系列建立穩固連結的實用方法，幫助飼主更好地理解和回應他們伴侶動物的需求，同時加深彼此之間的情感聯繫。

對於專業人士，這本書還將提供一個深入研究的平台，以應對更複雜的臨床場景。獸醫師將能夠學習更高級的行為評估技能，並掌握更有效的治療方法。動物行為學家也可以透過本書深化對動物行為的理解，提高自己的專業水平，為更多的動物提供專業的幫助。

總的來說，這本書旨在成為一個全面且易於理解的資源，幫助讀者更明瞭地理解並應對動物行為問題。我們相信，透過這樣的學習體驗，您將能夠與動物建立更深層次的連結，促進彼此之間更豐富和諧的互動。

最後，感謝您的耐心閱讀，希望您在這個充滿知識和啟發的旅程中獲得滿滿的收穫。祝您閱讀愉快！

國立臺灣大學 特聘教授 張芳嘉
國立臺灣大學 獸醫專業學院 前院長
國立臺灣大學 神經生物與認知科學中心 主任
國立臺灣大學 生命科學院
跨領域神經科學 國際研究生博士學位 學程主任

前言：你家的那隻「伴侶動物」

依照內政部寵物登記管理資訊，二〇二二年新增登記的伴侶動物數量，正式超過新生兒數量了，說明台灣社會飼養伴侶動物的風氣興盛，且應該是「一去不回」的趨勢。會打開這本書的你，很有可能也是關心、喜歡動物的人之一。

先簡單說明，為什麼使用「伴侶動物」而不用「寵物」一詞呢？兩個詞語在日常溝通上是可替換的，但若深究起來，兩者暗示著不同的意涵，值得細細思量：寵物的「寵」一字，帶有「被喜歡」、「被溺愛」之意，似乎表示「寵」物是基於人的情感附加、人的喜愛而成立，有「因為我，你才有意義」之意，因此，人類對該動物有決定權與所有權，是「上對下」的關係。似乎也暗示動物對人有「討好的義務」，以確保自己持續地被喜愛。但若今天該動物不被人類喜愛了呢？動物獨立於人類之外，牠的價值是什麼呢？是空白的。

相對的，「伴侶動物」一詞，將動物的地位提升到與人類平等的高度，既然是「伴侶」，本就該是互相尊重、互相包容。動物的價值與人類的評價無關，牠的優點並不是基於人類的喜愛，牠的缺點也不是基於人類的厭惡，我們是平等而互惠的關係。「伴侶」加上「動物」組合起來，表示身為動物與生俱來的、與人類不同的習慣與需求，都是應該被接受的。

有一個簡單的例子可以說明兩者的差異：

「你擁有一隻寵物。」

「你與一隻伴侶動物一起生活。」

「伴侶動物」這個詞語被較為普遍的使用，也不過是十幾年左右的事情，基於政治正確的考量，我希望用它來代替我們過去慣用的「寵物」，來指稱那些與我們生活在一起的家犬家貓，甚至鳥馬鼠兔等等。

伴侶動物，在人類社會的地位相當特殊。我們會讓牠進入家庭、坐上沙發、一起旅行、一起分享生活的各種喜怒哀樂，讓牠成為我們家庭中的一份子。我們既不需為這些「毛孩」操心學業、結婚生子、出社會找工作等等無窮無盡的問題，又可以從牠們的陪伴中得到慰藉。說起來，擁有一隻伴侶動物似乎是一件利大於弊，相當很美好的事。只是，這麼多滿懷期待的飼主，真的都準備好足夠理解、足夠的時間和精力，來陪伴這隻動物了嗎？把動物帶回家，之後的故事，都是幸福快樂的日子嗎？

在我的獸醫生涯的前半段，在一般診所看診，其實有好大半的飼主，他們困擾的問題，並不一定是動物的生理疾病，也不是在檢驗儀器上讀出了赤紅的數字，而是動物的一些行為，讓他們感到困惑不解。

「狗狗為什麼堅持在家裡尿尿呢?明明已經帶出去散步了,回家之後馬上在門口尿一泡,一定是故意的!」

「吃飯的時候,狗狗一直坐在餐桌旁邊看著我們,要求我們給牠食物,如果不給牠,牠就會生氣地大叫,甚至會咬我們的衣服或褲管,真的很任性,我們全家都沒有辦法好好地吃一頓飯。」

「貓咪是不是真的比較會報復?我才出門旅行兩天,牠就把我的沙發抓花了。」

「我家貓咪在我一熄燈之後,馬上就在房間開運動會,跑上跑下的都不睡,可能在抗議我陪牠的時間不夠,牠還不想休息,但我下班後真的很累,如果另外養一隻貓陪牠玩,會不會比較好呢?」

以上,都是我在執業時常聽到的,飼主帶著抱怨的語氣,這般談論自己的動物。

當飼主跟動物的生活出現了摩擦，往往沒有有效的溝通管道（又不能「坐下好好談」），無法得知對方真正的想法，飼主們往往只能「猜」。但由於動物和人的認知功能、需求、成長經驗都不同，人類往往會不經意地使用自己的（也就是擬人化）的想法來解釋動物的行為，例如報復、搗亂、故意為之等等，導致許多誤會發生。

這樣的誤會多了，又沒有機會解開，人和動物的關係，就慢慢的裂解了。飼主覺得動物在找他的麻煩，不體諒人類工作辛苦提供食物和住所，反而處處作對。這樣的情緒累積久了，就不那麼喜愛動物的陪伴了。

想要放棄動物的飼主，往往是絕望又無力的，下定決心棄養之後，也可能被自責感籠罩，久久不能釋懷。而被棄養的動物，在台灣會是怎麼樣的處境，我想就不需要我多提了。

在歐美國家，行為問題（behavior problems）是伴侶動物被棄養、被實施安樂死的主要原因之一。大家會為此意外嗎？其實，這再再說明了，跟動物相處，並不如我們想像中容易，需要小心經營。

做為第一線的臨床獸醫師，執業幾年下來，深感台灣的飼主普遍不知如何處理與動物的相處問題，而在動物面臨害怕、焦慮時，也不知道如何化解，甚至無法辨認動物的負面情緒，因而讓飼主和動物雙方都痛苦不堪。為了處理這些問題，我前往英國深造，取得臨床動物行為碩士學位，以行為獸醫師的身份，繼續協助飼主和動物。

外界認為行為獸醫師的工作，是「矯正」動物的行為問題——對飼主造成困擾、飼主不想要的行為。然而，以我的經驗來看，動物的行為，其實都不一定需要被「矯正」，更需要的是，真正看到動物行為背後的原因，進而幫助牠們解決面臨到的問題。大部分期望被「矯正」的動物，其實是基於安全感、情緒反應、生理需求等等的影響，才做出各種不被接受的行為。這些動物本身的福利受到了損害，牠們的行為其實是反映自身應有的權利受到侵害，例如安靜的休息處、合理的互動方式、有能力可以躲避厭惡的事物等等。

而提到「矯正」，傳統上大多使用「訓練」的方法，套用古典制約（classical conditioning）和操作制約（operant conditioning）的理論，藉由重複又重複的練習，以期能夠改變動物的「行為表現」，雖有理論依據可循，但往往不小心忽略了更重要的事情——動物的感受、情緒、基本需求等等。任何施行在動物身上的計劃，都必須注意到，牠們是與我們一樣有血有肉的生命，牠們的行為也是眾多動機與信念綜合考量出來的結果，若只是想「矯正」牠們的某一種行為，卻沒有通盤的考量到動物整體的身心狀態，那只是在行為主義（behaviorism）的框架之下，將動物當作機械一樣的「修理」，於動物福利觀念逐漸抬頭的現今，已經是不合時宜的思維了。

飼主帶著動物來到診間尋求協助，表示雙方在生活上發生了不協調，飼主本人當然可以藉由語言，清楚地描述自己在照顧動物上，遇到的難處，然而他帶來的動物，恐怕是有口難言。若有一台狗語或貓語翻譯機，我想，牠們也會滔滔不絕地訴說自己生活上的困擾、遭遇的麻煩，這些困擾大大小小，可能來自環境、飼主或其他動物、習慣喜好、害怕或討厭的事情等等。

只有在看見動物的需求，也考量到人類的需求之後，才能擬定一套對雙方都足夠友善的生活模式，讓大家能夠輕鬆地生活在一起，繼續享受彼此的陪伴。

這本書，是我以「獸醫師」、「動物行為」做為主要工作內容，觀察到的許多小故事，以十一個不同的主題編寫，為保護個案隱私，名字、場景、特徵等，都做了不同程度的修改。每個書中的主題故事，背後都有幾十個類似的案例，而每個活生生的案例，也都有不同的主題混雜其中。但同樣的，都是關於困惑的動物與心碎的飼主。有心尋找動物伴侶的人、已經擁有伴侶動物，但在日常相處中感到壓力的飼主，若因為這些故事而有被理解、有「原來不是只有我這樣想」的感覺，那麼我很開心療癒了你。如果你讀了感到新奇，觸發另一種思考的面向，多花了一點心力去思考與動物有關的問題，那更是我期望的事情。

在帶牠回家之前，你也許會想要聽聽看這些故事。

長大

——動物與幼童同在一個屋簷下，是夥伴，還是冤家？

我走進一個高級社區大樓，乒乓媽開門來迎接，客客氣氣地遞上拖鞋，今天拜訪的家庭，是一個像ＩＫＥＡ型錄一樣精準完美的室內。

稍微寒暄過，我就定位，也請案例乒乓一家人坐到平常習慣的位置上，於是乒乓媽坐上客廳沙發中間的位置。而乒乓，本案的主角，一隻約十公斤的狗狗，坐到了乒乓媽的右邊，一派輕鬆地趴伏著，並不是很在意地用視線掃過我，表示對我沒有興趣。本案的另一位主角，乒乓的「弟弟」——一名一歲半的人類男童，則坐在媽媽左邊的位置，不怎麼安份地扭動，待不久就想要下沙發。

乒乓爸媽是一對年輕夫妻，大約三十上下，主要與我對談的是媽媽，爸爸在過程中，偶爾好奇探頭看看，但大部分時間都在房間，似乎是居家辦公，並且時間不太彈性的那種。看顧狗與小孩的責任，很明顯的是落在乒乓媽的肩上。

小孩先擱著不說。乒乓是乒乓媽在年輕時養的，早在她擁有婚姻與家庭的支持之前，乒乓就先陪她經歷了剛出社會的刻苦日子。社畜生涯、無止盡地加班、搬家、居無定所、吃得不好住得不好……一路走來，乒乓始終如一，對乒乓媽「不離不棄」。在那段共患難，培養出革命情感的日子之後，現在乒乓媽的工作和經濟能力都上了軌道，組了家庭、生活穩定，她希望能好好地回饋與照顧這隻一起「苦過來」的老伴。因此，這位有點年紀的乒乓，在家中地位不低。

乒乓有自己的名字，當然小孩也有，但乒乓媽在對談中，一直稱狗狗為「哥哥」、自己的小孩為「弟弟」。其中的含意，不言可喻。狗狗是年長的，小孩是年幼的，乒乓媽希望乒乓可以照顧、守護小孩，就像是哥哥可以照顧弟弟一樣。

這種期望，不只是乒乓媽，我在很多飼主身上都曾經看過，但往往他們最後都失望了。原因是在這種「狗與小孩」的「經典組合」中，很多狗狗都沒有表現出飼主們期望中的友善，有的狗狗甚至還對小孩有威嚇、攻擊的傾象。

狗哥哥對人弟弟不友善，這也是乒乓媽找我來的原因。然而乒乓媽認為，乒乓與乒乓弟只是一對吵架的兄弟，本是同根生（？），終究能和好的。

「你是哥哥，要照顧弟弟啊。」像這樣的話，我相信，乒乓媽可能在四下無人的時候曾經說給乒乓聽過。無論她說出口的當下覺得自己多荒謬，但這種對狗狗的一廂情願，在人類心中難免存在；即便是人類與人類之間也在所難免。

想像有一對「情到深處」的好友，彼此承諾會為了對方兩肋插刀、福禍與共。「兄弟，不管發生什麼事情，我一定都會挺你的。」這樣的承諾——合乎氣氛的泛情緒勒索——在人類對人類的情況下通常是酒過三巡後才會發生；但當人類情勒的對象是動物的時候，則無須酒精助興就能山盟海誓，反正牠又不會笑你（或拒絕你）。然而，若我們能試著關掉「情到深處」的激情模式，轉用理性思考，就會知道所有承諾、要求多少都有點強人（狗）所難。

以類似乒乓家的案例來說，通常這種狗狗已經十歲左右了，算是狗裡面的「長輩」，行動和個性都比較平穩，一付見過世面、見過大風大浪、泰山崩於前不改其色的樣子。這會讓人以為，狗狗跟人類一樣，隨著年紀會增長出一些「智慧」。

但事實上，比較有可能的是，這些狗狗之所以可以那麼沈穩，是因為牠們已經不年輕；身體有一定程度的負擔。肌肉流失、關節炎、老化等問題，不只會讓狗狗活力下降，也會讓互動的需求下降，導致交朋友的能力也隨之變弱了；這些在家族中，被飼主「許願」成小孩的哥哥或姊姊的老狗，實際上，牠們的輩份與身體狀況，可能比較接近爺爺奶奶。

簡單來說，年紀大的狗狗，也許更傾向 leave me alone。牠們連社交的意圖都沒有了，更別說會想要主動「照顧」新生兒。老狗之所以看似老練，恐怕是因為牠們自己有很多病痛要去面對，但是牠們無法表達，只好選擇表現冷淡。

想要安安穩穩過餘生的老狗，對上電力滿載、有用不完的探索欲跟好奇心，什麼都要拿來摸一摸聞一聞看一看吃一吃的人類幼獸——這就是這種組合的經典之處。

「我自己烤餅乾給他們，哥哥弟弟都有。」乒乓媽打開夾鏈袋，表演平常發餅乾的情形。她掰開一塊餅乾，給哥哥（乒乓）一半，給弟弟（姑且稱他為乒乓弟吧）一半。很明顯的，乒乓媽希望用「共食」的方式來讓哥哥和弟弟培養情感。

乒乓看到飼主伸手拿取夾鏈袋的那一刻，馬上熟練地跳下沙發，到餐桌旁邊（料想是平時餵零食的固定場所）坐下，伸長了脖子，前腳踏著小碎步，亢奮但自制地等待。分到餅乾後，一口就把它吞掉了。

乒乓弟的身體發展協調性還不好，手拿著餅乾在空中揮兩下，想把餅乾送進嘴裡，卻送偏了。他把一半的餅乾黏到了臉上，另一半則變成了滿地碎屑。乒乓弟如此不熟練的進食技巧，乒乓都看在眼裡，牠已經無法維持剛剛自制的坐姿，站了起來，全身前傾往乒乓弟的方向，發出輕輕的哀叫聲，尾部高舉。牠的眼睛盯著乒乓弟手上剩餘的餅乾，前腳的原地踱步越來越頻繁，明顯地表現出急躁的樣子。

在此，邀請讀者一同思考，造成乒乓不安的原因：

1．牠急著想輔助弟弟完成吃東西的動作。

或

2．牠急著想吃弟弟手上的餅乾。

不論答案是哪一個，我在旁邊都看得心驚肉跳。

「我盡量公平對待他們。」乒乓媽口頭上這麼說，同時也用被分成兩半的餅乾表示：一人一半，你有牠也有，很公平。

我自然也贊成公平。為什麼維持公平很重要？因為我們希望藉由公平，來讓人與狗的雙方理解這件事——資源是共有的，不需要爭奪；這時公平等於和平。可是，我不認為能藉由「公平」，要求狗狗能做到「兄友弟恭」，孔融讓梨（牠沒學過儒術啊）。

你若有跟狗狗一起吃飯的經驗，大概會知道，有些狗狗會等待食物掉到地上的那一刻，迅速將它撿走；牠們總是在等待「吃」的機會。以乒乓家的例子而言，在我看來，當乒乓吃完自己的餅乾後，牠「真正」在乎的不是公平，而是乒乓弟手上、臉上、嘴邊、地上、大塊、小塊、美味的餅乾碎屑。

既然先從媽媽手上得到了餅乾，乒乓會不會也期待從乒乓弟的手上得到餅乾呢？或者牠曾經撿過乒乓弟拋棄的、不小心掉到地上的餅乾？總之，從乒乓急躁的肢體語言、灼熱的眼神看來，牠在分食餅乾的過程中，恐怕沒有學到「那是你的餅乾」、「這是我的餅乾」、「餅乾是一人一半，很公平」的正確概念，反而是「乒乓弟拿著我很想要的餅乾」——我感到牠有一種在「等待」甚至「覬覦」餅乾的情緒。

「想吃吃不到。」
「你要不要給我吃。」
「要給了我嗎？沒有嗎？好失望。」
「我可不可以幫你吃？」

對狗狗來說，世界上最遙遠的距離，可能在於喜歡的餅乾在別人手上，但他不是很懂吃的樣子。這對愛吃東西的狗狗來說大概滿痛苦的。因此這樣分餅乾的

「共食」練習，對於雙方感情的培養（至少在狗狗對小孩這一面），恐怕不會有什麼太大的幫助。

我們身為人類，天生就會把「共食」當作一種培養感情的方式：坐在同一個餐桌上吃同一條魚，我們便是一家人。一起工作、一起分享食物，我們便是一個社群。這是人類團結自己人的一種方式，而狗狗們有沒有這樣互助合作的傾象呢？牠們也能從「共食」中獲得滋養嗎？

答案是肯定的，因為狗狗跟人類一樣是非常標準的社群動物（social animal）。以野外的研究來看，親緣跟家犬很接近的非洲野犬（African wild dog），在自然的狀況下會以群體（pack）為單位生活，結伴一起打獵、一起活動，一起分享打獵的結果。[1]然而，讓狗狗乒乓和人類弟弟「共食」來培養感情，在我看來是弄巧成拙。我們常說，共同的敵人，可以促進內部的團結。但不可諱言的是，每個團體之中都會有潛在的「競爭」關係。當外部威脅很強大的時候，團體內部便會忽略競爭，專心地面對外力。但以乒乓跟弟弟的例子來看，他們其實沒有什麼外部威脅——他們唯一的潛在威脅，反而是彼此。

補充說明，我並非完全反對共食的行為，我確實看到很多家庭成員（無論是人和動物、動物和動物之間）可以和平共食的案例。這裡想要強調的是，在資源豐富、相處融洽、沒有互相爭奪與競爭的狀況下，共食才能夠成立。換句話說，共食是彼此之間關係良好的結果，而不是原因。

若想要利用共食來培養感情，卻沒有好好整理兩兄弟之間潛在資源爭奪的問題，那就真正是倒因為果了。

乒乓媽媽希望乒乓跟弟弟能好好相處，卻可能不小心用餅乾讓他們形成了「競爭」的關係。而且，除了餅乾之外，還有沒有其他值得乒乓跟弟弟競爭的東西呢？其實不管是睡覺的地方、休息的地方、沙發上最靠近飼主的位置、玩具等等，都是狗狗普遍重視，覺得非常重要、非爭不可的東西。

「哥哥坐在沙發上，弟弟靠過去的時候，哥哥就會低吼。」
「有一次弟弟在玩他的玩具，哥哥吠叫了一聲就下沙發，我以為牠要往弟弟那邊過去，嚇死我了，還好哥哥繞路走開了。」

乒乓媽露出苦惱的表情，描述了許多乒乓跟小孩之間相處的不愉快，然後她說出了自己的期望：「我只是希望他們可以和平相處。」說的同時，不難感受到她語氣中的委屈。但殘酷的是，當乒乓弟還在學習自身與外界的邊界，還沒有「你的」、「我的」的概念的時候，他自然也不能理解狗狗其實有自己的感覺、情緒，以及牠重視的資源。當乒乓弟不小心佔用了乒乓最喜歡的位置、最喜歡的玩具，便可能會引起乒乓的誤會，而引來負面的情緒。這樣的事情，每天每天都在發生。若沒有父母的介入管理，每一天的每一刻，兩兄弟都有可能上演擦槍走火的戲碼。

也許是媒體上常見「動物」與「小朋友」和樂融融、相親相愛的畫面，讓許多父母——包括乒乓媽——誤以為，動物跟小朋友玩在一起是一件理所當然的事情。在此我懇請天下的父母（人類或貓狗父母都是），不要被社群媒體上的假象給糊弄了。育兒從來就不是一件優雅的事。育兒同時照顧動物，更可能是一場混戰。媒體偏好塑造的「小朋友乖巧好學，與動物相處融洽」的美麗形象，是一種避重就輕的「現實」，容易讓人忽略育兒本身是充滿意外與衝突的；小朋友在地上打滾、崩潰大哭、摔東西才是常態；而當我們把難以掌控的他們跟動物放在一起的時候，這一局，原本就不會容易。

從乒乓爸媽的居家裝潢風格來看，我推測他們很有可能就是以媒體塑造出的「樣板模範」來自我要求。乒乓家還沒有嚴重的攻擊事件。多半是因為乒乓媽的警覺性夠高，有觀察到乒乓和乒乓弟之間的相處存在的張力與日俱增，而不是像她所期待的，發展出兄弟一般的情誼。雖然有點困擾，但她還沒絕望，還是希望兩兄弟有朝一日可以相親相愛，共吃一支冰淇淋、共睡一張床。

「我可以教他們互動，我有時間，也有耐性。」乒乓媽熱切地說。

「您可以教，您當然可以『期待』他們和平相處，但是，我還是建議，他們相處的時候，都需要您在旁邊看顧著。若您無法看顧的時候，雙方要隔開，盡量避免他們自由互動。」我如實回答，感覺得出乒乓媽很失望。但世界上有不少相關研究的資料、冷冰冰的數字，記錄了受傷的孩子，無辜的動物，還有心碎的父母。

狗和小孩之間衝突的問題，日益受到重視，英國知名的動物保護團體如藍十字（Blue Cross）、皇家防止虐待動物協會（RSPC）都強烈建議不應該讓幼童與犬隻在沒有成人監護的狀況下，單獨相處。[2] 在英美國家的伴侶動物統計顯示，狗攻擊小孩的事件，大約是成人的兩倍。這些小孩當中，機率較高的是兩歲以下或六到十二歲的小孩。男童多於女童。咬傷部位大部分在臉、肩、頸部等位置。百分之八十四發生在家中，百分之七十二是認識的狗狗。較年幼的小孩，衝突的對象常是位於室內、熟悉、狀態靜止的狗狗，而牠們造成人類受傷的部位有七成左右是臉部。較年長的族群，則比較容易被戶外、不熟悉的狗狗攻擊，受傷的部位是肢體末端，例如手、腳等等。[3]

以上述兩種狗狗與人類產生衝突的統計來看，乒乓家非常有可能是屬於在室內與熟悉的狗狗產生衝突的族群。乒乓在休息時不一定想互動，但乒乓弟太小，還沒有判斷乒乓狀態的能力，以為牠躺著很乖的樣子，可以上前摸摸抱抱。然而狗狗其實很容易被一時的打擾或太唐突的觸摸而受到驚嚇，因此發生近距離的攻擊。像這樣的事件，容易出現在小孩剛有「移動」能力——爬行、學步的時候。這時不管是狗狗或小孩的監護人都還沒發現「小孩開始具有騷擾狗狗的能力」，因此容易疏於防範。

此外，在戶外產生的人犬衝突，比較有可能是小孩開始離開家庭活動的時候，因為不熟悉、從未學習如何正確地跟狗互動，或是誤以為所有狗狗都跟自家家犬一樣和善，而貿然對陌生的狗狗開啟了互動，因此引發對方護衛性的攻擊行為。但不管是哪種型態的意外，大概不脫「小孩還沒有觀察狗狗的能力」的原因。

英國林肯大學發展心理學 Kerstin Meints 博士，發表了多篇犬隻應用於教育與發展助益的報告，包括特殊兒童的輔助治療、學校等場域的減壓等等。然而，她也有些令人不安的發現：幼童很早就發展出解讀人類面部表情的能力，但對於犬隻的面部表情，較晚才「看得懂」。在一篇二〇一〇年發表的報告中指出，幼童可能將犬隻露齒的警告訊號，誤解為「狗狗在微笑、狗狗很開心」。這樣致命的誤會，可隨著年齡增長降低（四歲幼童有高達六九％的解讀錯誤、五歲約三分之一、六歲仍有四分之一錯認。而同樣的題目，成人幾乎百分之百不會答錯）。[4]這樣的報告暗示著，我們對於幼童跨物種（在這裡指人犬之間）的情緒辨識能力，最好不要太樂觀。

簡單來說，人類幼獸看不懂狗狗的情緒表達，是非常、非常正常的。若無法正確解讀對方的情緒，又怎麼能要求他們有適當的互動呢？

社交、互動、陪伴、建立關係，這都是需要學習的。我們都知道小孩在這方面還沒有成熟，因此會拿出最大的包容給小孩（但包容也有用完的一天，育兒是如此耗竭）。然而，我們恐怕沒有辦法期待狗狗拿出同樣的包容給小孩，畢竟兩者是不同的物種，單是要試著理解對方已是巨大的挑戰。

又或者，會不會其實家中的狗狗，已經在努力釋出包容與耐心了呢？只是牠也跟成年人一樣，有時候面對小孩會耐性耗盡，而牠恰巧擁有輕易可以傷害小朋友幼嫩皮膚的利牙——如果牠一直都在控制自己，不要去使用它們呢？

在狗跟小朋友這一局，我的建議是，不要挑戰狗狗的耐心，也不要考驗小朋友的社交能力。畢竟如果失敗了，結果是我們承擔不起的。許多父母都跟乒乓媽一樣，期待自己的小孩可以有一個值得信賴的「動物夥伴」一起生活、一起玩耍，建立跨物種的情感。當然，這是可行的，我們非常支持小孩跟動物一起成長，有助同理心、責任感、觀察力、溝通能力、自我肯定與其他認知能力的發展。[5]但是，再親的兄弟都可能會吵架，乒乓跟乒乓弟已經偶有小紛爭了，只是尚未演進成更大的衝突。此時，乒乓爸媽的角色就非常重要，需要扮演好監督、調停、必要時做為「和事佬」的角色，確保互動是安全的。

就像其他跟育兒相關的一百件瑣事，看管小孩與動物互動的安全性，父母責無旁貸。說來有些辛苦與沈重，但是我相信，在小孩漸漸懂事之後，他會很慶幸自己有這樣一個動物夥伴，給他一份毛茸茸的陪伴。但要得到這樣的結果，可不能只靠動物一方給出承諾。

獸醫小劇場①

Rehome——多貓家庭的美麗與哀愁

藍藍的飼主傳給我一張藍藍的近照，照片中的牠，跟另外一隻貓咪睡在一起，兩隻頭挨著頭，十足相親相愛的模樣。

「還好嗎？」我問飼主。

「嗯，比預期的好。」她用一貫平靜的口吻回答。而她此刻的平靜，已不見兩週前的那種一觸即發的壓力。

藍藍的飼主找上我的時候，家裡有三隻貓咪：阿咪、大頭、藍藍。阿咪跟飼主一起生活的頭幾年，是家裡的獨生女，在牠的生長過程中，也許從來不需要主動尋求關注，自然就會有飼主百分之百的愛與關懷。後來因緣際會，飼主救援、中途了大頭——一隻被發現時帶著腳傷的黑毛公浪浪——然後中途成了終點，大頭就此待下，牠很外顯地粘人，跟前跟後、撒嬌、討關注樣樣行。而在同一個空間的阿咪，就顯得內向許多。

阿咪跟大頭處得不好，個性差異再加上牠習慣了被捧在掌心上的那種獨生女生活，對於不請自來（以阿咪的觀點）、瓜分空間的大頭，自然沒有理由接受。大頭出現後，阿咪必須要比大頭早搶到那個窗邊太陽最充足的位置、冬天時飼主的大腿、睡覺時枕頭凹陷得恰到好處的地方等等。獨生女的牠開始須要爭奪了，但牠從來不知道怎麼做，所以總是一副淡然無視的樣子。沒有表達不滿，並不一定是沒有不滿，但比較可能的是，這位獨生女連怎麼表達不滿都不太在行。

後來，阿咪跟大頭有了幾次說不清誰先開始的負面互動（就是打架啦），但因為生活空間還算寬敞，遮蔽物也多，彼此能夠迴避，也還算能夠共處一室。飼主不在家時，就將大頭帶進救援養傷時待的大籠，隔出讓雙方安全的圍籬，就這樣大約過了一年半載，維持表面相安無事，實則危險平衡的日子。

直到飼主再把藍藍帶進來。

藍藍是這個家庭裡第三隻貓咪成員，是最晚的，但一來就像熱情的貓旋風，看到、聞到、伸手所及的生物（不管是人或貓），牠都要捲進去。第一次跟阿咪見面，藍藍就衝上前去「做了一些事情」，把阿咪徹底嚇壞。那個初次見面的場景多失控、藍藍做了什麼、阿咪又怎麼回應，飼主已經無法確切描述了。

通常，這種重大的驚嚇事件，就像車禍一樣，身為目擊者的飼主也如同受害者飽受了驚嚇。當時發生的事情，飼主就算可以片片斷斷地回憶、拼湊、重述現場的一些什麼，我還是會先持保留態度。因為在「事故」發生之後，記憶一片糊爛，是很正常的。

截至目前為止，這是一個單純的多貓家庭事件，家中的貓咪成員無法共處。但由於家中空間夠大，生活空間的劃分，理論上是做得到的。我的首選策略，是讓牠們可以做家中最熟悉的陌生人：知道彼此存在，但不會遇到對方。把空間、食物、牠們各自重視的東西做好分配，藉此降低衝突的機會。假以時日，若家庭成員都從緊繃、一觸即發的衝突壓力中稍微放鬆，再來評估看看是否能重新認識彼此，或是逐步練習平靜、有彈性、短時間的相處。

一般的多貓家庭失和的問題，通常可以先考慮以這樣的原則處理，當然執行細則要看實際的條件與狀況。藍藍飼主在與我討論貓咪空間分配時，都展現很高的配合度與積極度，因此我相信她一定會好好地執行空間分配計畫；阿咪、大頭和藍藍這一局，應該可以期待一個相對樂觀的結果才是。

然而，很意外的，諮詢到了最後，飼主委婉地表達出她想把藍藍送走的意願。當時她處在一種混沌不明的情緒狀態裡，雖然她把表象整理得相當好——與我對談的時候表現出超然的理性與冷靜——但那種異常平靜的感覺，令人覺得，這就是颱風眼了。有種刻意忽視房間裡沈默的大象，累積了一觸即發的壓力。

也許是知道這個「送走」的要求頗為敏感，她隨即附帶說明：希望我用最客觀的立場，站在貓咪們的角度評估（意謂不要考慮飼主；她把自己的需求擺得很後面），幫藍藍重新找家，是否對大家都好。

其實我當下有點訝異，但盡量沒流露出來。先不論我個人對於「送走／送養」這件事情的看法如何，但我知道在台灣，很多飼主、尤其是會做餵養、中途等，有在接觸浪貓的貓友們，對於「領養、不棄養」這個口號，有一種刻骨銘心、不可違逆的使命感。反過來說，這種飼主的心中若冒出「放棄」的念頭，會產生對自己極度失望、自責的感受——愈是有責任感的飼主，愈容易被「棄養／送養是一種罪」，這種超越客觀是非的道德枷鎖給綁架。

以藍藍飼主的氣質來看，我不認為她是一個會輕易放手的飼主。或者說白一點，在我眼中她就是屬於「道德高標」的族群。在我們雙方都一派平靜沈穩、小心翼翼互相試探的氣氛中，我與藍藍的飼主，進行了「以送養藍藍為前提」的討論。而說實在的，我直到最後一刻都還無法確定，她是否真心考慮送養藍藍，或者只是在做一個「假設性」的討論。

因為，「送養」真的是一個碰觸了飼主們的道德底線，很敏感的字眼啊。

英文裡面有一個字，rehome，一直讓我感到很疑惑。畢竟我不是英文語境長大的，若一個單詞，中文裡沒有意義接近的詞語供平行參照，看著它就會覺得有點無所適從。

就字面上解釋，它代表的是「重新找家」。在求學期間，我與老師、同學討論個案時，若用上這個字，有時代表的是「從家庭送到收容所」、有時代表的是「從收容所送到家庭」或「從一個家庭到另一個家庭」。總之，就是「離開現在的家庭」、「重新尋找一個棲身之所」、「棄養、領養、送養」的集合體，收容了所有的可能性。

然而，台灣的飼主，恐怕沒有那麼冷靜客觀地看待rehome這個動詞。以台灣一般的標準來說，「從家庭進入收容所」是棄養，負面解釋。「從收容所進入家庭」是領養，正面解釋。「從一個家庭到另一個家庭」是送養，則持平。至於說rehome這個立意良善，將所有的可能性包裹於一身的動詞，在台灣卻會被當成一個幾乎可以說是負面的字眼。

任何飼主，若在各大犬貓社團貼出「送養文」，恐怕不會得到熱心網友的同情、協助與理解，而是排山倒海的質疑與批評。網友評論的內容可能是「不負責任」、「沒有經過思考就領養動物」、「辜負動物的愛與信任」等等，每個批評都是重中之重，讓人沒有辦法說出「可是，我真的沒有辦法再繼續養牠了」這句話。

千萬別誤會，我並不贊成或鼓吹衝動領養之後再棄養或送養；我的提問是，真的無論在任何狀況下，都不可以說出「我沒辦法繼續養了」這句話嗎？若有人的家庭產生劇變、親人離去、離婚、健康出狀況、缺乏家庭緩衝系統（例如獨居或家人不支持）等，導致他失去了原本寬裕的經濟狀況或是時間，就連自己都快照顧不來了，他還有辦法繼續照顧動物嗎？

我認為，rehome 這個詞是一種「可能性」。它容納了各種場景、動機與風險，以暗示、討論某個動物應該「離開現在的家庭」或「不適合現在的家庭」。它其實是一個中性、客觀的事實，不需要被任何人批評教訓或道德數落。也就是說，若有必要，送養應該被當作一種選項，而不是受了詛咒的禁語。（瞧，我也急著解釋，是不是害怕被炎上的壓力之大、難以承受呢。）

幸福快樂的家庭，總有相似的故事，而不順遂的家庭，各有各的不可言說。像藍藍飼主的狀況，就是單純並不適合再多養一隻貓兒子而已。這個家，似乎有點太擁擠了。

阿咪從小就缺乏與其他貓咪相處的經驗，且原本就是一隻社交需求低落，能夠自給自足的貓咪，連對飼主撒嬌都罕有。大頭在街上討過生活，自然修練了一些在街頭生存的本事，有可能把人類認為是潛在食物的來源、將其他貓做為競爭食物的對手，因而親人不親貓。

飼主本身，對最早的伴侶，也就是獨生女阿咪，有著最強烈的連結。這點很能夠理解，畢竟她們相伴的時間最長，在大頭和藍藍加入之前，飼主和阿咪應該是經歷了一段相依為命的時光。即使沒有明說，但在談及這三隻貓咪時，她重視阿咪的程度，是溢於言表的。

只不過，阿咪恰好是三隻貓中社交需求最低的一位，無論是對人或貓。甚至可以說，若飼主不在身邊，阿咪也許影響不大，牠只需要一個安全、遮風避雨、不受干擾的地方就好。飼主在房間裡架設了一個窗台的外推空間，等於窗戶外面有一個小小的、獨立的看台，可以俯視外面的車水馬龍，又可以受到家裡的保護。這樣的空間可能對任何貓咪來說都相當的理想，而阿咪確實最喜歡待在那裡。

大頭的到來，可說是一個「人為的意外」，原本是中途，後來待下了。至於，為什麼要收養藍藍？這是一個關鍵的決定，但不一定是一個理性的決定。感受著飼主颱風眼一般緊繃的情緒張力，讓我沒辦法問這個問題。

只不過，答案也不一定重要了，事實已經是事實。也許是在她把藍藍帶回家之後，她才發現這是個無法控制的局面，但為時已晚，最無奈的狀況莫過於此。高段的悲劇，若放大角度檢視，會發現故事裡沒有一個是壞人。只是這些角色湊在一起，自動演出了悲劇。最好的處理方式，自然是結束這一場不太愉快、合適的聚會，讓「離開」發生。也就是，在回合中使用那個立意良善、中性的字眼，rehome。

雖然這個個案的飼主請我評估「送養藍藍」一事。但其實，也許連評估的步驟都可以跳過。基本上，若是人貓／貓貓之間「已經有不合的事實」，送養通常會是比較好的做法。

貓的社交性（sociality）一直是個學者們感興趣的題目。貓咪在童話故事裡，常被形容成「捉摸不定、脾氣怪異、很難相處」的動物，如此偏頗的說法，我想許多實際與貓咪相處過的飼主，是不會同意的。

確實，家貓（Felis catus）這個物種雖然馴化的歷史較短，但牠們穩穩地安居在許多人類家庭中、大方佔據家庭沙發而不會被趕下來（人類還會主動讓位），已是不爭的事情。這說明牠們有能力可以與人和同類建立穩定和睦的關係。科學家在探討貓的行為發展時，發現了矛盾的事實，一是貓咪展現極大的可塑性與彈性（flexibility），能適應差異廣泛的生活條件（室內／室外、人為飼育／自主生活、結伴／獨行），但同時卻缺乏可靠的指標，能預期貓咪的個體性情發展；即便在相同環境與條件長大的貓咪，性格可能大不相同。[6]

同時，貓的社交性也非常矛盾，有些脾氣超好，怎麼揉捏牠都沒有關係，有些卻只可遠觀不可褻玩，靠近一步都不行。如此懸殊、難以預料的個體差異，讓每個貓咪飼主，在接納新貓咪進入家庭的過程中，就像在拆福袋一般；若沒有實際打開，無法預料袋子裡裝了什麼。新來的貓咪喜歡人嗎？喜歡貓嗎？還是誰都不喜歡，只喜歡獨善其身？或是相反的，非常需要陪伴，沒有人／貓在身邊，會感到焦慮？

這也許可以多少解釋，為何有這麼多的多貓家庭，出現相處不和睦頻頻衝突的現象。就像藍藍飼主說的：「沒想到藍藍的個性跟另外兩貓差異這麼大，領養了才發現無法相處，但後悔也來不及了。」

貓咪們的肢體語言較為隱晦，使用人類無法接收的費洛蒙做為溝通、界定敵我的工具，因此，做為人類，我們一直苦於缺乏合適的工具去揣測以及探討牠們社交的天性與偏好。幸好，有相當多關於放養（free-range）貓生活形式的觀察報告，可讓我們一窺貓咪們理想的社交生活：無限制活動範圍。

野外的貓，並非傾向獨立生活，牠們可以形成群體與其他貓咪共同生活，足見貓具有一定程度社交與建立關係的能力，並非如刻板印象的「貓咪都很孤僻」。然而，貓群的「成員」是變動的，在環境開放的前提下，貓成員可依自己的意願留在群體內，也有能力離群索居（solitary），獨自狩獵、獨自生活。[7]也就是說，在沒有限制的情形下，貓咪們以「合則留、不合則分」的哲學生活。

「離群索居」在人的眼光看來，暗示著「寂寞、無聊」，[8]被認為是一個較為負面的字眼，然而，對貓來說，某些情形下「獨居」可能是較好的選擇。以一隻沒有良好社會化經驗的貓來說，比起在收容所這樣封閉，空間相對匱乏的地方生活，若能被獨立圈養、不需要與他人（包括貓和人）往來，較有機會表現出比較少的壓力反應。[9]顯示「有伴」不見得對貓咪是有益的，有時甚至是弊大於利。

像這樣「瀟灑」的交友原則，以人類的眼光看來好像有點無情，但其實這只是說明了貓的社交性與人類有根本的差異。人類（犬亦然）做為標準的社群動物

(social animal)，有高度的合作與溝通能力，能與其他個體締結深厚的關係與羈絆（bonding）。在群體內若需要與其他個體協調、或不慎發生衝突時，能先做出示弱的行為（submissive behavior），避免衝突擴大，進而有機會修補關係，使得群體內部維持穩定而強大。相較起來，貓缺乏明顯的示弱機制，因此在面臨與其他個體的衝突時，往往導致不可回復的關係裂解。而在放養貓的觀察中，族群內部一旦發生衝突，將導致一隻或是多隻的貓離開群體。對個體而言，這不見得是一種「被流放」，貓具有獨立生活的能力，離群索居對牠們而言，反而是個舒適的選擇。

也就是說，因為人類和犬類懂得在必要時使出「好啦好啦不要生氣嘛」的討饒招數，而貓類缺乏這個技能，因此即便是芝麻小事，都可能擴大為兩貓之間真正的衝突。而感情基礎再穩固的貓咪，一旦吵架打架，就不太會和好了。吵架之後，放養的貓咪能夠依照自己的意願離開群體，但完全生活在室內、圈養在家中的貓咪呢？牠們可沒有辦法離家出走。冤家總是路窄，見面就是劍拔駑張。

在我們看到的多貓家庭衝突的個案中，有許多嚎叫、噴尿（spraying）、磨爪等令飼主不堪其擾的行為，其實很有可能是因為衝突而衍生的領域行為（territorial behavior）。別忘了貓咪衝突後的策略就是「避免碰面」，在空間環境被侷限的情形下，只好努力地標記自己的領域，宣示自己的存在，讓其他貓咪保持距離，以避免衝突再發生、再擴大。

說到底，貓咪先天的傾象：「合則留、不合則分」的交友原則，是最適合牠們的方法。否則，以維護領域為動機的各種領域行為，將會讓這個家庭雞飛狗跳，飼主也不得安寧。

因此，我支持飼主另外幫藍藍找家的想法，不過為難的是，在台灣幾乎沒有「不適任伴侶動物」的退場機制。收容所不是選項，已經爆滿了，即使不拒收，以內部的空間、資源、管理，你也不會想把家貓家犬帶過去的。

但很幸運地，飼主幫藍藍找到了另外一個家庭中的另一隻貓咪，同樣有旋風一般的外向性格，兩隻貓咪一拍即合，從早到晚追趕跑跳碰，累了就頭偎著頭睡，像文章起頭，她給我看的那張照片一樣。睡得很甜，像是什麼都沒有發生過，一切自然而然。但我知道，飼主一定是花了很多時間做配對，也經過非常多心理轉折，最後建設出勇敢而堅定的自己，才有可能把已收編的貓咪重新送養出去，而且是送到對的地方。

這樣的過程，大概就是「把我的悲傷留給自己，你的美麗讓你帶走」的心情。沒錯，就是因為不適合而協議分手的錐心之痛。看到照片，我確信，藍藍找到了一個真正適合牠的地方；我也相信，飼主是真的放下了心，堅定地說出：「我現在很好，我對我的作法沒有疑問。」

這是個幸運的故事。幸運的事，總不會天天發生。大部分過於壅擠的家庭，礙於送養媒合的難度以及道德壓力，總是猶豫、無法付諸實現。

但綿長、相愛相殺的關係，不應是生活的唯一答案。

如果一個家庭，成員都循著某個步調、規律走，節奏一致，大家心之所向一致，互相配合、協調，那麼即便物理上的空間侷限了些，也能夠和睦相處。相反的，若家中成員彼此需求不同、相互干擾，長期下來不斷地累積壓力，總是可能有一天突然爆發、造成彼此的傷害。

我個人相信，所有的關係，都要保有後退一步的餘地；對於一段關係的結束，我們應該抱持寬容而理解的心。華人家庭多的是「相愛容易相處難」、「成年之後為了維持距離的美感趕快搬出去」的子女。昨天海枯石爛的愛人今天可以分手，這些故事不需要多一句闡述。師徒、工作夥伴、朋友之間也多有拆夥、翻臉、老死不相往來的例子。而人和動物的關係，也是一樣，難得完美。

事實上，人和動物是兩個不同的物種，使用不同語言、不同溝通方式、不同習慣，應該要比人跟人更難以互相理解、容易有誤會。為什麼我們會預設，人和動物之間，或是動物和動物之間，能夠和平地共處在同一個屋簷下，是一件理所當然、不容改變的事情呢？

其實，能遇到一隻甜蜜、契合的伴侶動物，跟牠做家人、朋友，和睦地一起過生活，好好相處，是一件非常幸運的事情，真的不是理所當然。能逗陣，是緣分。處不來，也不是誰的過失。而 rehome，也就是一個客觀，無關善良或邪惡的中性動詞。

獸醫小劇場②

叮
您好，請問您有在處理鳥類的行為問題嗎
我的鸚鵡一直試圖從我手上飛走，實在感到很困擾。
想要帶牠出門都沒辦法。
這個訊息遲遲沒有被已讀。

忠誠——「聽話」、「忠心」是狗狗與生俱來的超能力嗎？

這一章的案例，不是百年難得一見的奇案，而是萬千個相似的故事當中的其中之一。

我想引用比較多的對話，來回顧我跟這位飼主之間發生過的攻防——他在言談中透露出自己對狗狗教養的觀念，而我認為其有待商榷。聲明在先的是，我們對於伴侶動物的態度與期待，無論是適當或不適當，其實都有脈絡可循，也都是集體意識的展現。

狗狗名為小韻，四歲大，對人相當友善，有時候熱情過頭會撲倒人。開心時會大力地搖尾巴，搖到腰部以下全部左右晃動，是個甜蜜的大傻妞（二十五公斤重）。這樣的性格聽起來很棒，但牠在散步時看到其他狗貓很容易衝動、吠叫、快速前撲，也確實在跟陌生狗狗互動時，咬傷過別人。這造成家人帶小韻散步時感到憂慮——一方面他們得背負訓導小韻的壓力，另一方面也不願意對其他動物造成傷害。

開始諮詢前，我們先到他們家的外面走了約半小時。我在一段距離之外觀察小韻散步的情形，以及飼主如何回應小韻的各種行為。我先不介入，也不跟飼主交談，盡量得到客觀的觀察。後來我一路跟他們回到了家裡，一起端端正正地坐在一張方桌前開始談話。在諮商的過程中小韻時不時會來跟每個人打招呼——包括我。牠會用鼻子頂頂我的小腿，討到兩下摸摸，然後回到桌子底下趴著休息。放鬆趴臥、偶爾尋求互動，從這些行為看得出來牠跟家人相處的狀況非常好。牠很享受與家人緊密的關係與彼此的陪伴。

小韻的家人簡直是教科書裡才會有的完美家庭：一位散發著學究氣息的父親，

兩個教養良好的兒子約二十五歲上下，媽媽是專職家庭主婦，似乎身體微恙。由於兩個兒子在外面工作求學，只有週末時回家，媽媽身體狀況不佳，無法勝任陪小韻散步這個體力活，因此照顧陪伴小韻的工作，主要在爸爸身上。看著他們一家人，我深深覺得，自己正在體驗真人版的「我的家庭真可愛」。

以下我節錄了和小韻家人之間的一段對話，我先發言：

「爸爸您剛剛在帶小韻散步時，小韻的表現大致上都很棒。牠很有自信、對外界也充滿興趣，有時候會有停下來聞聞地板、聞聞草地、東張西望，或是對某個東西定睛觀看，頻率也都算是正常。但是城市的馬路上，不確定因素與突發狀況總是不可避免。因此，為了不讓小韻太關注在其他事物，我們可以借用小韻喜歡的零食，吸引牠的注意力，才能忽略其他狗狗或是牠在意的事物。爸爸您剛剛使用零食還順手嗎？以後都帶著零食散步沒有問題嗎？」

「可以，但其實我覺得不一定有必要。小韻會聽我的話，我叫牠坐下時牠都會聽話坐下。」

「是的，爸爸，我看得出來您跟小韻的關係非常好，牠大部分的時間都會遵循您的指令，但剛剛有幾個場合小韻表現有點心不在焉。像是在停車場，對面有另一位飼主帶狗狗經過時，您叫小韻坐下，小韻卻還是踏著小碎步，身體傾向另一隻狗狗的方向，那是情緒緊繃、高漲的表現。在那個狀況下，要單單只用指令讓小韻坐下其實是滿勉強的。」

爸爸沈默不語，可能回想剛剛散步的過程，確實有幾回，無論是呼喚名字，或是坐下的指令，都無法使興奮狀態的小韻，安定下來。於是我接續著說：「我建議，之後當你們在家，或是比較單純的環境裡，先練習用零食吸引小韻的注意力，這樣在外面散步的時候，才有辦法喚回小韻，不讓牠因為看見外面的狗狗而情緒過度波動。」

「要怎麼做呢？」

「很簡單，呼喚小韻的名字，若牠回頭看您，就可以稱讚牠並給牠喜歡的零食。」

「這樣會給牠太多零食。我都是叫小韻的名字，並叫牠坐下。等牠確實坐下之後才給牠零食。」

「能夠做到這樣當然很棒。但是，爸爸我擔心像剛剛散步的情況，有好幾次，呼喚小韻的名字，牠不一定可以回應，如果還要再請牠坐下，恐怕更是困難。所以我們可以把門檻降低一些、條件設得簡單一點，只要牠對名字有回應，願意轉向爸爸或是回到爸爸身邊來，就給零食並且告訴牠，牠這麼做很棒，這樣好嗎？」

我看得出來爸爸不太情願，也許這樣的建議跟他過去的習慣相差太大，他需要時間消化。最後，當他發現「獎勵的門檻」的部分他無法堅持己見說服我的時候，便開始與我討論「獎勵的方式」。

「一定要使用零食嗎？用指令不行嗎？」

「如果只是使用指令的話，怎麼能讓小韻開心呢？牠做到我們希望牠做的事情，當然很值得收到小獎品啊！」

「妳剛剛說的那段話不太合邏輯，如果一直都要使用零食的話，要怎麼能證明小韻聽我的話呢？」

對話進行到此，我不著痕跡地（希望是）在心裡嘆口氣，大概明白爸爸的意思了。他的意思是，若小韻是基於忠誠，不需要零食就能回應並服從他的指令，便可以說明他們之間的連結是很強壯的。若是因為用零食來「交換服從性」，這樣的信任關係似乎是有條件的。

直白地說，若我們把零食獎勵解讀成「小韻是因為零食才回應爸爸的」，這樣爸爸可能會……有點傷心？

在這位爸爸的心中，愛、忠誠、服從是綁在一起的。這些純粹而高貴的品質不能被交易或產生報酬。狗狗與飼主的關係更應如此。這是天經地義。這樣的價值觀，我推測可能是來自於人類社會結構裡——尤其是東方文化——根深蒂固的「倫理」觀念。「倫理」讓我們在社會結構中，每一個位置的人，都知道該如何對待在其他位置上的彼此，君君，臣臣，父父，子子，以及，犬犬（或貓貓、蟲蟲……）。合乎人類倫理觀念的家犬，應該要對主人表現出無條件的忠誠、服從。

說到倫理，我覺得有一種很普遍的誤解，就是「倫理是與生俱來的」。這點我非常懷疑。我認為該如何做一個好孩子或好伴侶，都是學習而來的。沒有人一出生就馬上知道該如何得體地面對那位被稱作「父親」的人。而狗狗也是——忠誠、服從，不是牠們天生應盡的義務。

現代的家犬在長久的演化之下，確實有「善於觀察人、與人互動」的特性，但這比較類似人性之間「合群」的傾向。牠們雖然期望群體生活、與人（或其他狗）為善，但兩個個體之間的關係、互動模式等等，仍然是獨一無二，需要學習、引導，與長期經營的事。

「爸爸我有發現喔。雖然我請您帶著小韻喜歡的食物出門，但是您帶著的，其實是平常的飼料吧？」

「對，小韻沒有吃零食的習慣，我們覺得對牠的健康會有影響。」

雖然從頭到尾這位爸爸的語氣都是和緩的，但是我感覺得出來，他對於我的建議保持懷疑的態度。他雖然口頭上說他擔心自己會寵壞狗狗，但其實，我想他應該是無法接受與「倫理」——狗狗要無條件地保持忠誠，不應該被無故地獎勵——相悖的理論。小韻有一般的飼料做為獎賞已經很好了，哪裡還需要「不健康」的零食呢？那些都是多餘的。

如果說，狗狗聽話是天經地義的事，那不忠誠、不服從、不聽話的狗狗呢？就應該要「受罰」嗎？把「聽話是天經地義」跟「不聽話是天理不容」這兩者合一的話，就是「狗狗沒有不聽話的權利」吧？

有了上述的心理建設之後，我對小韻爸爸接下來的訴求並不感到意外：

「那如果，小韻不聽從指令，我可以修理牠嗎？做對了，有獎勵。做錯了，有處罰，這樣比較公平吧？這樣事情就很清楚了，小韻很快就會知道什麼是對、什麼是錯。」

我先忽略爸爸所說的「修理」是什麼意思，打算先讓他接受一件事：狗狗想做的事，也許不一定符合我們的期待，但不符合我們的期待，不代表牠們錯了，或必須因此接受懲罰。因此我回答：「狗狗有很多想要做的事情，也許牠們想玩、想奔跑、想大聲吠叫，就像是小朋友一樣難以控制難以預料。但我們有時候不能讓他們做所有他們想做的事情。爸爸以前在照顧小韻的兩位哥哥的時候，一定也會遇到這種狀況。如果小朋友想要看電視，但現在不是看電視的時間，爸爸會怎麼做的？」

「不會，他們從小就很乖。」爸爸斬釘截鐵的回答。

我的眼神飄向兩位哥哥，他們笑而不語。

至此，我與爸爸的對談轉為保守，因為我感覺到他避諱談論（至少不與我談）育兒、養狗過程中的喜悅與崩潰（尤其是「崩潰」的部分），也就是說不管我再怎麼試著展開對談，恐怕也都只能在「我的家庭真美好」的粉撲底下，進行蜻蜓點水的梳理，沒有辦法進入討論問題的環節。

對小韻的爸爸來說，小孩長大的過程中沒有與父母意見不符的時候。小韻在家中也不會有與飼主意見不符的時候。但事實上，再怎麼光滑完整的表面，都會有裂隙；任何的關係都是變動的。不管是人和人、人和動物、動物和動物，兩個個體、三個個體、多個個體、一個家庭、一個組織等等，任何形式的關係，都是在互動中尋求平衡，有時兩方可以如膠似漆、配合得天衣無縫，但也有時似乎處處作對，懷疑對方是故意要找自己麻煩。

我很喜歡「相愛相殺」這個形容詞，因為這比較接近我所理解的現實。反過來說，若有不爭吵的情侶、不頂撞的兒子，那非常有可能，是關係中的某一方在忍讓。我個人猜想，這位爸爸可能是在「倫理」的框架下，希望身邊的人或動物，都是他所期待、合乎倫理的「那個」樣子。

很可惜，小韻是隻甜蜜的大妞，牠非常討人喜歡，但可能沒有爸爸心中所期待的「忠心、只聽命於飼主」的性格。要處理問題，就得先面對問題，而這位爸爸卻還停留在拒絕問題的階段。小韻有點容易興奮、屁股坐不住，會看見風兒就起浪。但這在我看來也稱不上是什麼大問題，小韻對於其他狗狗的反應只是一種興奮，沒有失控到生氣或是會吠叫攻擊的程度，所以我認為這個個案其實不需要太多太積極的介入。

我反而在意的是，人的「倫理」對於人犬關係的僵硬影響。

到我離開前，爸爸都在門口興致高昂地練習（表演？）叫小韻坐下，但其實當時小韻對於我要離開，並預期到大家穿好外套要再次出門，已壓抑不住興奮了。雖是應爸爸要求做出「坐下」的動作，但牠只是把屁股黏在地板上，雙眼則是東張西望，前腳踏著小碎步，並沒有「專注」在爸爸身上。敢問，當小韻像這樣沒有百分百「專注」在爸爸身上時，是否也是一種「不忠」的表現？

其實，「專注」也好，「忠誠」也好，它們都是選擇性的注意力：我們生活中的每一刻有無數的感官訊息傳入，要能夠忽略一些對我們而言不那麼重要的資訊，只留下重要的，必須透過反覆的練習，才能順利地發生。

選擇專注，就像是在漆黑的感官大海中，開啟一盞探照燈，讓燈光所及的地方，變成我們視線的中心；燈光沒有到達的地方不是不存在，只是被我們選擇性地忽略了。而如果「專注」是在漆黑的深海中鎖定一道光束的話，「忠誠」也就像是在花花大千世界中，鎖定一個對象，只觀察並回應他，忽略、捨棄、錯過其他令人感興趣的機會。

以小韻的案例來說，牠大部分的時間都待在家中，外出散步是牠接觸大千世界的難得機會。小韻無庸置疑是一隻喜好社交的甜蜜大妞，無論是樹葉飛舞的景象、小販叫賣的聲音、電線竿上的麻雀，都讓牠想上前一探究竟。因此當牠看到其他同類（狗狗）的時候，開心興奮自是不在話下。牠不願意放棄任何一個可以探索外界、與其他動物互動的機會。在散步的時候，小韻如此雀躍的心情，任何人都感受得到。

在眾多足以令人分心的刺激中，若牠多少能主動忽略、捨棄、錯過玩耍的機會，而選擇「專注」在爸爸身上，聽從並回應他的指令，對我而言，這已經是牠表現自己「忠誠」最好、最棒的證明了。這並不容易，需要長久的練習，而且非常值得獎勵——小韻其實非常「忠心」。

只不過，在這樣的關係裡面，爸爸可能覺得小韻的「忠誠」是理所當然，而且禁得起考驗。爸爸對於小韻的照顧，包括每天的互動、散步、餵食等等，都是對小韻的「忠誠回饋」；額外的獎勵、零食、稱讚等等都是不必要的東西，甚至會毀損忠誠本身的純粹與崇高情操。然而，不得不說，那其實是一種華人家庭常有的關係盲點，甚至可說是一種「情緒勒索」：希望小韻在其他狗狗存在的時候（好想一起玩啊，好心動），不計任何代價地、不求任何回報地，立即放棄牠自己原本的心意，轉向爸爸，來證明牠的忠誠。這種「任何時刻都要選擇我」、「要無條件愛我」的要求，不就是情緒勒索嗎？

在我看來，小韻對爸爸的愛是當然存在的，但牠也許沒有很想做忠犬小八，沒有想要成為傳奇故事的主角，也沒有想要偉大情操。牠是一隻狗，會想吃想玩想跑跑，這是非常、非常正常的事。牠不須因此被「修理」。關係，不是靠「修理」維持，而是雙方都要努力的。

在一段關係中，不需要有任何一方，持續地試探並考驗這段關係有多堅固。也不需要任何一方，持續地說「如果你愛我就照我說的做」。給一點小獎勵，謝謝你對我好，這種回報，才是任何關係之中的「天經地義」吧。

獸醫小劇場 3

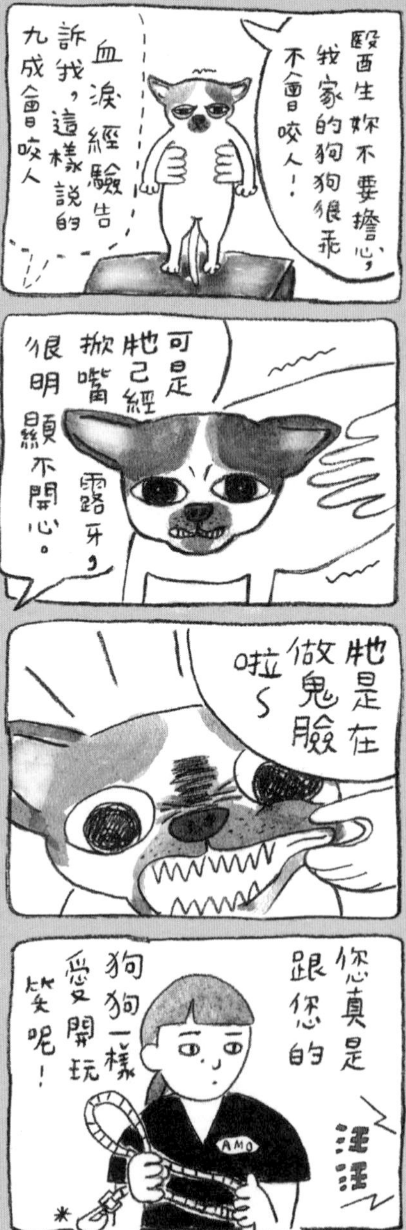
醫生妳不要擔心，我家的狗狗很乖不會咬人！
血淚經驗告訴我，這樣說的九成會咬人
可是牠已經撇嘴露牙，很明顯不開心。
牠是在做鬼臉啦～
您真是跟您的狗狗一樣愛開玩笑呢！
汪汪
AMO
＊

＊如果您的狗狗具有攻擊性，請繫好牽繩喔。

期待——（毛）孩子，我希望你比別人強

這個故事，我先說結尾吧。

飼主留了一則長長的留言，大意是她內心感到失望，覺得我提供的協助不如預期。雖然委婉，但我感受得到，她意在要我擔負一些她自己難以消化的情緒，那些失望與其說是對於我，毋寧說是她對於她的狗狗。然後，我就失去這個個案了。在這之前，我原本評估的結果還算樂觀。但在飼主爆炸之後，回頭重新檢視我們對話的蛛絲馬跡，又覺得其實有跡可循。

讓我們從頭說起。我是在疫情期間接到這個個案。飼主是個年輕、教養良好的女生。怎麼說飼主教養良好呢，是從她順服的頭髮、諮詢時端正的坐姿、還是乾淨整潔的家裡看出來的呢？我不確定，但有時候當你遇到一個這樣的人，你就是嗅得出來——她應該出自一個嚴格的家庭，或她天生是一個自我要求甚高的人。她有個體面的工作，疫情期間，可以長時間待在家，現在是個居家工作者，也許未來都會是。

讓我描述一下她家具體的環境：一個開放格局設計的空間，很寬廣，餐廳、客廳、玄關通通連在一起，沒有隔間，且家具精簡——鞋櫃、標準沙發、一張客廳桌、餐桌椅——一眼望去，沒有其他大型物件。寬闊、視線通透的公共區域裡面，有兩扇門，我猜分別是通往廁所和臥室。走進這個家裡，確實給人一種寬敞的感覺。寬敞，一般來說應該是舒服的，但這個住家的寬敞，不知為何，有一種冰冷的感覺。

我想可能是「生活痕跡」非常淡泊的關係。

在拜訪過各式各樣的案例之後，我感覺每個家庭的生活節奏、飼主的心理狀態其實會誠實地反應在居家擺設與整齊度之中。一般來說，現代人的生活多半是紛亂雜沓的；一個尋常的亂糟糟的四口之家，會給我一種忙碌、溫馨、熱鬧的感覺。然而，這位飼主的家一點也不忙、不熱、不鬧，住所整齊寬敞得像是沒有人在住一樣。她是時下流行的「斷捨離」實踐者嗎？這我無法確定。

「居家辦公期間，妳待在那裡呢？」我問她。

「在客廳的桌子，使用電腦。」

「那狗狗在哪裡呢？」

「在那邊。」飼主指向沙發旁邊的懶骨頭。

現在鏡頭帶到狗狗了。今天的主角叫做肉圓，是隻五歲的米克斯犬，中大型，男生。雖叫做肉圓，但牠的體型纖長，全身的線條流暢飛揚——深胸窄腰，深色發亮的毛髮順順地貼在身上，像是隨時迎著風一樣。這樣流線型的外觀，很接近波因特（Pointer）或是靈緹（Greyhound）之類的犬種。

在我到訪的期間，牠大多時間身體朝向我的方向——那雙杏仁眼和尖立耳告訴我肉圓懂得觀察也懂得表達——有時牠會跑去自己的懶骨頭上趴著休息，即使閉眼假寐也高舉尖耳，偶爾拍動。若我動作稍大、聲音稍提高，牠就會把身體和毛髮壓低，雙眼緊盯著我，做足了準備的樣子，像是在說：「外來者，我看著妳，妳別想耍花樣。」

我們常說每隻米克斯的生世都是謎，只能從牠的外貌來猜測牠的性格，像肉圓這樣的身體，應該是一種生來奔跑的狗狗——反應快、體能和爆發力兼具。然而這隻看似體能非凡、警醒、護主的狗狗，近來卻有些不同以往的行為：毫無預兆、快速的咬人動作。大部分是空咬，但偶爾也會有真的咬到的時候。

肉圓的飼主告訴我，她一直知道肉圓是一隻比較聰明、敏感、反應快的狗狗，因此她有聘請一位訓練師，協助安排一些「室內」的遊戲活動，幫助肉圓減低生活無聊所產生的挫折、活化體力和腦力。她也會自主地安排一些時間，跟肉圓做些訓練活動或是互動遊戲，這是她們的「親子時間」。

至於說，為什麼都是「室內」活動，不增加戶外活動呢？是因為肉圓跟飼主居住在熱鬧的都會區，家門口緊接著許多攤商的巷子，空間擁擠。再加上肉圓在戶外有時會非常亢奮，且反應太快，可能會有暴衝的狀況。若外出當天的環境複雜程度很高，飼主擔心自己會反應不及，導致意外發生。除此之外還有疫情的關係，飼主希望盡量減少出門的次數。因此，在評估各種風險過後，再加上飼主自己謹慎的性格，她決定僅做很有限的戶外溜放。

我基本上同意，當戶外風險很高時，可用室內活動來代替戶外活動。然而，在對談的過程中，我發現肉圓對飼主的手部動作非常敏感。尤其是手在揮動的時候，肉圓會露出狗狗狩獵狀態時獨有的那種冰冷、專注、不帶感情的眼神——我覺得，那像是狼的眼睛。

「妳平常都安排哪些活動，跟肉圓一起做呢？」我試探性地問。

「肉圓學得很快，牠會很多才藝，學到都沒東西學了！我上網看一些國外的頻道當作參考。肉圓現在會看指令轉圈、跨過我的腳，也會從我的腳中間穿過去。我的願望是跟肉圓一起跳舞，跟我同步一起動作。」

關於肉圓學習快速這件事情，我完全不意外。比較意外的是，飼主對於肉圓的期望之高，超乎我的想像。而她似乎沒有覺得那裡不對勁。人犬共舞，這是非常，非常高難度的訓練。要在同樣的節奏上做出一致的動作，人犬之間需要有足夠的默契與溝通的共識。光是誘導狗狗做出特定的行為（如開槍裝死），就不是容易的事情。因此，我並不鼓勵一般飼主為狗狗做共舞訓練，因為這需要非常願意投入訓練、非常高動機的狗狗，以及精通訓練技巧的人。

如果以人類體操選手的表演來說，在我們看來只是十分鐘的演出，背後其實包含了選手投入的大量時間、辛苦的操練，以及一位經驗豐富的教練，知道如何規劃適當的訓練內容，也知道選手的心理和生理極限在哪裡，何時該給予選手鼓勵、多推一把——何時該讓選手休息，退後一步，避免受傷。而肉圓跟牠的飼主，就像是業餘體操選手，跟著業餘教練看著網路上的專業訓練影片土法煉鋼，這其實非常危險。

我繼續跟飼主對談，收集關於肉圓和飼主生活的點滴，談到一半，我微微地提高了音量，也帶了手部的動作做為輔助。疫情期間我們都戴著口罩，與人對談時，無法以臉部的表情做為輔助，溝通上當然比較吃力，每當我想要加強語氣並做更清楚的表述時，難免會不經意地加上手勢。這樣的肢體基本上是無意識的，因為肢體本來就屬於正常談話的一部分，我沒有做出特別誇張醒目的動作。

然而，肉圓突然朝我衝了過來，在約五十公分外的地方停頓，快速地空咬了一下。空氣中發出清脆的聲響，牠壓低了上身，做出威脅要撲上來的樣子。一連串的動作只在眨眼間完成。末了，牠壓著上身繼續發出低吼，惡狠狠地看著我。在這電光石火的瞬間，我當然受到了驚嚇，手僵在半空中。

肉圓對我空咬後壓低了上身，維持靜止。我慢慢地把手收攏在膝蓋前方。我明白了，牠對我做出明顯的警告動作，是因為牠不喜歡我的手在牠的主人面前揮舞。肉圓對於手部的動作特別敏感，這先前就觀察到了，不只是對於飼主，對於外人也是。我只怪自己沒有多加小心，引發了肉圓的反應。

我假裝沒事，跟飼主對談，雙手在膝蓋前方維持不動，以平和的語氣請飼主配合我演出「剛剛的一切都沒有發生」，接續方才的談話內容。不久，肉圓就放鬆了身體，停止低吼，慢慢地走回到牠的休息處。

「妳看，牠就是這樣。」肉圓歸位後，飼主輕輕嘆了一口氣，對我說。

「平常肉圓攻擊的情形，就像剛剛那樣嗎？真的是令人滿困擾的呢。」

「是，就像剛剛一樣，沒有預警，我真的很難避免，也不知從何避免起。但不同的是，肉圓咬我、或作勢咬我之後，牠會馬上退後、頭壓低低的，不敢看我，像是『知道自己做錯事了』的樣子。」

至此，我想我大概猜出肉圓跟飼主之間是哪裡出了問題。

談到狗狗的「訓練」，其實就是一種學習；肉圓跟飼主，可說像是一對母子，而且是虎媽與資優生的組合。把人犬關係（owner–dog relationships）比喻為親子關係（Parent–child relationships），乍聽之下相當的擬人化，似乎不太妥當。但是近代有許多關於伴侶動物行為的研究，發現了這兩種關係之間有非常多的相似之處，即便是在嚴謹的學術文章上，也不難發現學者會使用非常明確的語句對兩者進行類比。10

肉圓與牠的飼主，讓我想到人類裡有一種「虎媽」，會在發現自己的孩子有很高的潛力時，讓孩子進一步接受極高強度的學習和訓練，並且時常把那句經典的「我是為你好」掛在嘴上。她希望孩子跑得越快越好、跳得越高越好，最好是把同齡發展的孩子遠遠拋在後頭；不滿足於「優秀」，這種虎媽要的是「超凡卓越」。

這個「孩子，我希望你比別人強」的故事，聽起來熟悉嗎？

如此高壓的學習環境，九零年代長大的我們都經歷過。當時還是孩子的我們，都被緊箍著「我是為你好」的魔咒。現在想來荒謬，但當時它是事實——是深深刻進我們這一代的潛意識裡，難以抹滅的價值。

這不是我第一次遇到「對動物要求很高」的飼主，恐怕也不會是最後一次。我們被前代人賦予的魔咒，似乎也不經意地與我們對待動物的哲學結合了。若你要為牠好，必定要對牠嚴格——慈母出敗子——這是虎媽的心態，也是某種事實。但虎媽們往往忽略的是，每一個孩子都需要休息、肯定，也需要離開教室看一下外面的世界。他們需要被允許犯錯、多方嘗試，才能保持對學習的動機與熱情。資優生很努力，但虎媽還是覺得不夠好，試問這是因為虎媽期望過高，還是孩子努力不足？而且又有誰能長期在強度過高、獎勵不足、肯定不足的訓練中，保持對學習的動機與熱情呢？

在許多狗狗接受飼主熱衷訓練的個案中，我發現狗狗會非常注意訓練者的手部動作。肉圓是其中之一。狗狗天生有意會人類的能力，對人類的面部表情和手部動作都有較高的辨識度，這是家犬之所以會演化成為家犬（馴化過程）的關鍵因素。[11]但是，像肉圓這種很常投入訓練的狗狗，對於手部的動作又更加敏感——一雙眼睛變得簡直像是自動人手追蹤器，裡頭容不下除了手以外的任何東西。

我推測，肉圓的飼主常常手持零食，待肉圓完成指令動作，才將之給予肉圓做為獎勵。這是一個符合理論的訓練方式沒錯，但長期、頻繁的訓練安排，會導致肉圓非常習慣處在「盯著飼主手上的零食，渴望得到它」的狀態。

延續先前體操選手的比喻，肉圓盯著零食，就像是選手專注地盯著獎盃，心中滿懷渴望。這樣的驅力，若應用得當，會是很好發動的燃料，但若使用不當，恐怕會自燃，讓肉圓與飼主的關係變得很緊繃。

無奈的是，肉圓的飼主不太可能同時有跟很多狗狗接觸的經驗，因此她沒有一整個班級的狗狗成績單可以參照。訓練狗狗的平均強度是多少、現在肉圓的學習進度是領先還是落後、何時該趁勝追擊、何時該休息、何時該調整計畫，又或者何時應該什麼都不做，只是給狗狗一個讚美的語氣，一些喜歡的食物？這些事她完全無從比較。

也許肉圓的飼主只是單純地覺得肉圓學得很快，把常見的狗狗小把戲都一一破關了，於是她開始上網找一些真的很高難度的訓練內容，持續高壓訓練。她知道肉圓很棒，但她沒有給予肉圓除了零食之外的適當獎勵，反而是安排更多的訓練，直到把肉圓難倒，讓牠開始傳遞一些壓力訊號，例如瞬間的空咬。

訓練是一門專業技能，要能設法讓動物執行目標行為，並在正確的時間點獎勵牠們；最重要的是要能觀察動物的狀態，維護牠的信心和興趣，讓牠在心情愉快的狀態之下，進行練習，然後慢慢地累積進度，不躁進地達到目標。優秀的訓練師，要能掌握上述的技能，而這往往需要很長的養成期。

相反的，不適當的、不靈活的（無法視動物狀況調整的）、難度過高、時程太長的訓練計畫，會導致動物的挫敗感、迷惑感、衝突感，也容易讓牠們對飼主心生不解，導致破壞人犬之間的關係。這就像是給小學生寫國中生的數學考卷，或者是連上一整天的數學，學習效率當然不佳，也會讓孩子感到挫折，越來越厭惡學習，進而對「總是要求我寫作業」的家長們，心生怨恨或想要逃避。

肉圓的飼主對肉圓這樣「毫無預警的攻擊行為」感到苦惱，我也感覺到，她的苦惱中帶著一些委屈，那樣的心情像是「我是世界上對牠最好的人，為什麼牠卻這樣對我？」我常常在飼主的言談中，讀出這樣的潛在訊息。

這樣「付出得不到回報」的委屈感，頗類似父母在教育小孩時，給了滿滿的關愛卻得不到小孩的感激，反而報以冷淡甚至反彈。此時，父母心中當然有些不是滋味。可是啊，天下父母，在我們給予「關愛」時，常常忘了自問「這是對方現在需要的嗎？」若這是單方面關心的表達，但對方吃不消，只會造成對方的壓力而已。我常想起大學聯考前夕，我做為考生身心都接近臨界點時，剛從補習班回到家，只想要躲進房間稍微放空一下，此時媽媽敲了門，問我要不要吃水果，那一瞬間，考生兼青少女的我，會有一股火莫名的上來。

而肉圓的飼主，在端上水果的同時，很有可能還同時帶著一張超過肉圓能力的數學考卷。

「加油，你很棒，但你可以更棒，來，吃個水果吧。」這樣的好意，是一種包裝著糖衣的期許，比起一個直接的祈使句，更沒有拒絕的空間、更令人難以消化。這些都可以解釋，為什麼一段親密如親子的關係中，往往容易出現摩擦。

我雖然沒有參與肉圓與飼主的訓練過程，但我猜，這支人犬之舞，肉圓應該跳得非常吃力。牠不一定跟得上層出不窮的課程。而像肉圓這種資優生，在被難倒或失敗的時候，也會比一般狗狗更容易感到挫折。因為動機高、期待高、失望也更高。就像是自我要求比較高的人，會對自己被交付的任務產生強烈的責任感，並且非常不喜歡失敗。然而，我們永遠無法得知狗狗的立場，這只是我的揣想。

當天諮詢完畢後，我訂了非常簡單的計畫給飼主。請她務必在調整訓練計畫或是安排新的互動遊戲時，都讓「訓練師」參與、監督。以避免在自行訓練或互動的過程中，產生了不必要的負面情緒。肉圓沒有辦法說出自己的感受，訓練師的角色可以協助觀察，幫肉圓發聲，適時地介入，以確保肉圓在訓練的過程中感覺良好。畢竟訓練的目的，是為了讓肉圓消耗精力、滿足互動需求，而不是要讓肉圓挑戰超高難度的任務，成為「神犬」。我知道肉圓原本就有一位長期配合的訓練師，交付飼主這項任務，應該沒有問題。

另外，由於肉圓跟飼主在居家工作的期間，可以說是無時無刻都處在同一個空間，且家中的格局非常穿透，連視線的阻隔都很少。這種「一覽無遺」的環境，會讓資優生有一種「時時刻刻都活在虎媽的視線中」的緊迫感。當然，處在這種過度緊密的關係裡的兩方，是沒有自覺的。

因此我請飼主在居家上班期間，訂出固定的「獨處時間」——我建議飼主移到房間內工作，把客廳和公共區域留給肉圓。這麼做的目的，是為了能讓肉圓好好休息。像肉圓這種機警，又很常跟飼主投入訓練的狗狗，待在飼主身邊時，可能會有「一直在待機狀態」的現象。也就是說，只要飼主在牠們的視線範圍內，牠們就會開啟「無時無刻不在等待指示」的模式。投入訓練、執行飼主的指令、得到飼主手上的零食獎勵以及口頭稱讚，已經是一個太熟悉的相處模式，牠們不會想到要主動休息，也無法強迫自己休息；資優生跟虎媽的關係非常緊密，資優生的生活中沒有其他的事件或目標，也沒有機會培養其他興趣，他完成了一場考試，就想著下一場在哪裡，他的大腦困在征服每一場考試的成就感裡面，酬賞迴路讓他對於考試有如對藥物上癮一般。

「隨時留著一隻眼睛觀察飼主」的狗狗，其實沒有真正的休息，就像是電腦的背景程式一樣，牠其實不知道自己開啟著這個程式，也沒有辦法把它關掉，但卻相當耗能。唯有跟飼主分處不同空間，完全看不到飼主，才能夠停止這種無意識觀察飼主的行為，讓自己能夠確實地放鬆。持續緊繃、一直在工作的大腦其實是相當疲憊的。就像昨晚沒睡好，今天的思考能力、決策能力、情緒控管能力都會變差。讓大腦得到足夠休息，才能有清楚的意識，做出經過思考的決定。

飼主最後的決定，是寫一封信給我。信中的她說自己希望解決的是肉圓有攻擊傾向的問題，她不明白我給她的「訓練師」計畫，跟攻擊行為有何關係。她不知道為何要繞這麼遠的路，做一些看起來不相干的改變，她「只是」希望肉圓能夠停止攻擊。

這又是我遇到一組，飼主和動物有著奇妙的共通處的組合，這位年輕優秀的女性與她的肉圓，都是有點「衿」的性格，她們給自己壓力時並不自覺。同時，把壓力洩漏、轉移給別人時，也不自覺。飼主在爆炸前，並不會讓我感覺到她有所不滿。這就像肉圓在攻擊之前，也不會讓你察覺到，牠其實已經快到臨界點了。因此，當飼主把壓力轉移到我身上時，我一開始相當意外，但仔細想想，也不覺得奇怪了。

很多飼主不明白有種壓力、有種不當的對待動物的形式，並非打罵、並非虐待，而是「希望動物按照我的期望長大」。通常，當我遇到這樣的飼主時，我會用一句話提醒他們：「牠又沒有要考哈佛。」聽到這句，飼主們通常就會釋懷地笑了。可惜，我只是一位跟肉圓緣份淺薄的獸醫師；我跟牠的飼主的關係，只要有一方想要中斷，隨時可以中斷。但肉圓，這隻迎著風一般的美麗狗狗，恐怕得一直活在高壓的期待之中，成為一個既努力又委屈，表情中帶有失望神情的資優生。

獸醫小劇場 4

狗狗是爸爸帶回來養的，希望可以幫忙看家。
牠很稱職，陌生人來都會叫。
但是…客人來牠也叫。
可以教牠分辨好人跟壞人嗎？
汪汪汪汪汪汪
如果好人跟壞人這麼容易分辨，推理劇都不用演了。

一題——多了狗貓的陪伴，人生從黑白變彩色？

對於正在被各種「動物問題」折磨的人類——舉例來說，曾經我遇過這樣的案例：一名飼主抱怨他的貓常常半夜吵他睡覺。他認為這應該是貓咪太無聊了，沒人陪牠玩。所以他考慮養另外一隻貓陪牠。類似正在面對這種狀況的人，我就直話直說了——為了你跟你動物伴侶的幸福，請「直接」去面對它，不要讓一個難題變成兩個難題。

又或者，如果是「你」本人遇到了一個難題，請先靠自己的力量去處理它，千萬不要冀望能靠「養一隻動物」這樣的外力，刃解你人生的難題。通常，誤把養動物當藥方會得到以下的結果：養了動物之後，你變得更分身乏術、更手忙腳亂、你原來的難題還在，而你更沒有退路。

以一開始的「貓咪無聊」案型來看，通常用新養一隻貓去解決這種問題，很有可能會得到以下的結果：原來的貓咪與新來的貓咪相處得不順利，沒辦法馬上成為對方的好夥伴，反而花了好長一段時間磨合、打架、威嚇、搶奪資源等等，搞得飼主與貓咪都戰戰競競。更慘的是，可能兩隻貓咪一直找不到與對方相處的方式，於是一隻貓咪的難題，變成兩隻貓咪的難題——問題沒有解決，反而變得更複雜。

我也接過這樣的要求：家長因為自己的小孩被診斷出自閉症，於是想領養即將退役的工作犬，讓牠成為小孩的心理支持，幫助他更自信更樂觀，也更願意與人溝通。

然而，通常「工作犬」是這樣的狗狗：牠在服役的期間，就像是住在部隊裡的軍人，不管是生活的環境、作息、互動模式等等，都與一般家犬大相徑庭。工作犬雖被訓練來輔助人類，但輔助的目的、工作的內容等各不相同，不能隨意互相替代。許多人以為「工作犬」就是「有很高的服從度」、「已經訓練好了，比較容易聽從人的指令」的狗狗，事實上，工作犬退役之後要進入一般家庭，就像是退休的人突然沒有工作，會失去重心，反而無所適從。牠很可能需要很長的一段時間適應，重新學習何謂「沒有明確任務、輕鬆的家庭生活」。

如果我們換個角度，直接把「人類」類比成「動物」的話，相信很多人也聽過以下的狀況：一個人認為自己到了而立之年，工作還不穩定，也沒有長久經營的感情，應該先趕快找到結婚對象定下來，往後人生的一切就會步上軌道了。

但是，婚姻可不是人生的萬靈丹。互相了解的伴侶確實可以給予支持，但若自己還沒有摸清楚人生的方向，只是因為時間壓力，在沒有互信互知的基礎上急著與對方交往、結婚，這樣相處起來恐怕大小爭吵不斷。就算真的結了婚，也會很常看到這樣的問題：先生跟太太最近對很多事情都沒有共識，常常爭吵，他們認為如果能有一個小孩，兩人就會有共同目標，可以一起努力下去。

但是，跟伴侶之間沒有共識，很多時候是價值觀不同，雙方需要溝通與妥協。家庭的凝聚力，不見得會因為多了一個小孩而突然變強了；卻很有可能讓這段已經有點分崩離析的關係，再多了一層外在的牽絆而已。最後，難題從原本的一題開始，變成兩題、三題、四題。……

前述的複雜狀況，我在執業時也常常看到。很多人認為動物可以無條件地給予自己力量——我＋動物＝大於二——但事實並不總是如此。健康的關係始於兩個獨立而心理健康的個體。當兩方各自都過得好的時候，在一起才會彼此支持。不健康的關係，則是會互相消耗。

以下是一個令我印象深刻，把單題複雜化的個案。

「我需要一隻正常的狗。」晶晶的飼主跟我這麼說的時候，她已經領養了六隻以上的小型犬，全是老、弱、殘，需要密集照顧的那種。我說「六隻以上」是因為她目前雖然身邊只跟著六隻，但先前她經手過的病犬——已結案或是已離開的狗狗——應該數量更多。

這樣的飼主並不少見。她們在生活上行有餘力，時間和經濟條件都寬裕，於是主動找尋或是從協會領養需要幫助的狗狗，積極地想要照顧牠們，希望讓牠們能有好日子過；但這個個案的飼主，似乎有點太「善良」了。

她來找我，主要是因為六犬之一的晶晶，有相當嚴重的焦慮行為。牠是一隻大約三公斤重的約克夏㹴犬，是從飼主協會領養來的狗狗。一天之中晶晶很少有安靜下來的時候，總是在不停地喘氣、踱步、繞圈，尋找飼主。也很容易有吠叫、攻擊或是破壞等行為。

像這樣「需要幫助」的狗狗，通常都經歷過幾任飼主，各自有各自的心酸故事：因自身焦慮的性格，使得晶晶被上一個飼主棄養，而被棄養後的牠則變得更焦慮、脫序，於是又被新的飼主放棄……這樣的情況，讓本案的飼主打定主意要「幫助」晶晶，終結牠被領養棄養的狗生。無論多麼不適合、多麼困難都不再讓牠換家。

前面有說到，當時晶晶的飼主一共有六隻狗，四隻平常待在家，另外兩隻隨著飼主上下班，而晶晶就是其中的一隻。晶晶飼主在餐廳工作，場域非常吵雜。我去觀察環境時，會有不同的人員為了執行業務進進出出——機車貨車，在店門口臨停，上下貨物。卸貨的碰撞聲、交通工具的馬達聲、倒車警示聲、人的吆喝聲等此起彼落，從不停歇。我跟晶晶飼主交談時，需要拉高分貝才能聽得到對方。除了聽覺外，這裡的嗅覺資訊也非常複雜，因為餐廳裡難免會有各式各樣的食物與烹調的味道。坦白說，那是個滿不理想的環境，連人類都覺得壓力很大，而感官比人類更為敏銳的狗狗一定也覺得資訊爆量，沒有一刻安寧。

然而晶晶的飼主可能是在這裡工作久了，並不覺得環境中的壓力高張。她希望自己可以一邊工作一邊看顧狗狗，同時不讓狗狗打擾到客人，於是在櫃檯內側圍了一個空間，讓晶晶待在那裡，方便自己隨時觀察牠。然而那個角落卻是整個工作場域中最吵雜、最多人流量，且空間非常有限的地方。

除了晶晶，另一隻被飼主一起帶去餐廳的狗狗名叫阿姆，也是一隻小型犬，是一隻相對冷靜的狗狗。牠因為慢性病需要定期吃藥，無法獨自待在家裡太長時間，因此被帶到餐廳，和晶晶共處一地。兩相對照之下，晶晶看似很激動，阿姆看似很冷靜，但這不代表後者沒有壓力。我認為比較有可能的是，阿姆因為自身疾病而活力低下，也因為空間的關係，無法迴避晶晶，只能百般容忍。真的要到忍無可忍的時候，才會撐起自己不太舒服的身體，作出回應。飼主說阿姆曾有幾次攻擊晶晶的行為，我完全不意外，再冷靜、再被動的狗狗，遇到像晶晶這麼焦慮的室友，多少會被影響。

像晶晶這樣，非常容易受到外界影響的狗狗，應該要給牠一個單純、安靜的環境，讓外界訊息的種類和量都少一些，牠才有辦法吸收、消化。當外界的訊息太多、太複雜的時候，牠的腦袋就會打結，沒有辦法思考、應對，一律都用吠叫、逃跑、坐立不安等等的原始行為來表達。一般來說，當一隻狗不知道自己該如何是好的話，牠自然也不會有達成目的、靜下來的時候。晶晶在餐廳，就是這樣的狀況。牠只能不斷地做徒勞無功的嘗試，不停地轉換狀態、站又坐、坐下又趴、趴完又站起來，走個三步，再繼續站站坐坐。好不容易稍微放鬆了，飼主一移動，晶晶又興奮起來，回到來回走動、哼哼哀叫的狀態。

很顯然，餐廳並不適合晶晶，那麼為什麼不選擇讓晶晶在家中休息呢？因為晶晶有嚴重的分離焦慮，一旦飼主離開視線便有強烈的破壞、逃脫、甚至自殘的行為。晶晶的焦慮程度，沒辦法讓牠在行動前先思考。因此把牠留在家中的話，牠會因為種種脫序行為危害自己的生命。也就是說，晶晶和阿姆一樣，都是需要非常密集看顧的狗狗。相較起來，牠在餐廳的焦慮狀態比較穩定，因為至少牠和飼主是看得到彼此的。

但憑心而論，晶晶在餐廳裡依然是一隻相當焦慮的狗狗，牠只是相對的比獨自在家中穩定。然而飼主也沒有辦法再給晶晶更單純的環境了，因此她想讓牠服用藥物，希望藉此降低牠的焦慮值，讓大家的日子好過一些。

除了打算讓晶晶服藥之外，這名飼主還有另一個訴求，也就是本篇前面提到的——「我需要一隻正常的狗。」

在我耳中，她的這個「需要」，其實聽起來有點像是求救訊號。這名飼主本身的狀態其實也不妙（我想讀者可能不難猜到）。從她身上散發出的低氣壓、閃爍的眼神、無奈的語氣還有對晶晶焦慮的無助，讓我相信不只是狗狗，就連她本人也非常的焦慮。

晶晶的飼主，如果沒有領養這麼多難照顧的狗狗、沒有承受多犬家庭的精神壓力，她是否會是一個開朗、輕盈一點的人？我不知道，但從我與晶晶飼主合作以來，她就一直散發著「我的壓力很大、生活忙碌，我無法再做更多了」的氣息。因此，我若基於「飼主責任」開功課給她，希望她能在如此棘手的生活模式中，配合執行一些改善狗狗生活狀況的策略，我總覺得，八成不會真正被落實。

一開始我建議飼主，每天下午可以帶晶晶離開餐廳，到外面巷子散散步、透透氣。離開吵雜擁擠的環境，享受一人一狗的時光，這原本就是養狗最享受的事情，對人和對狗來說，慢下來，好好地把腦袋清空、釋放累積的壓力，只有十五分鐘也好，再回去高壓的環境，就像是下課十分鐘一樣的紓壓。

飼主承諾她會盡量做到，但也補充了許多但書，像是「上班時間還是要以工作為主」、「忙起來的時候可能撥不出時間」等等，並且，過程中她是用一種烏雲密布般的語氣來告訴我：「我已經很忙、狀況很差了，我已經盡我所能不讓自己倒下，妳為什麼還要讓我更忙碌呢？」

她的回應，讓我產生了各種疑惑：若沒有把握把自己照顧好，為什麼要收養六隻老弱殘的小型犬，承諾要照顧別人呢？幫助別人或是幫助其他動物，應該在自己行有餘力的前提之下，不是嗎？

話雖如此，但像晶晶這樣的飼主，其實並不少見。原本飼養動物是希望享受彼此的陪伴，但演變到後來不知為何成為牽絆，卻又不停追求更多的牽絆——看到需要幫助的動物，就想要接手而忘了評估自己是否有多餘的心力。最終，讓自己被拖垮。

晶晶的飼主告訴我，她從小就有養狗，她感覺到自己從狗的身上得到很多，因此，與狗狗建立關係對她來說是重要的，但現在她養的這些狗狗，沒有一隻可以跟她建立正常的關係。牠們有的太焦慮，有的老到對外界的反應微弱，還有的有聽覺損傷等等。晶晶的飼主認為她盡了照顧的義務，也希望自己跟狗狗的關係是有來有往的、互相支持的，雖然她有六隻狗狗，但沒有一隻可以給她「正常」狗狗的互動與反應。

「有狗狗的我，會更好。」我感覺，晶晶飼主傳達給我的，是這樣的概念。這個想法，是正確的嗎？有狗狗作伴的人生，真的會更加正面嗎？其實沒有錯，能夠跟伴侶動物建立關係的人，是非常幸運的。

人和動物之間的聯繫（Human-animal bond, HAI）做為一個社會議題來被研究，已經有滿長的一段時間了。相關資料顯示，擁有伴侶動物的人（其中以家犬最多），他們的心理健康、福祉（well-being）、人際社交狀況等等可能可以得到提升。也就是說人與動物之間的聯繫可以降低壓力與焦慮、增加與社會的連結、降低孤獨感，未來產生心理與情緒問題的機率也比較低。[12]這些研究成果，已讓伴侶動物的地位從「躺在沙發上只會掉毛的那個小麻煩」，提升至真正可以幫助到孤單、弱勢者的「狗狗英雄」；確實動物能夠支持我們的身心健康，讓我們不再感到孤單。

然而，回看晶晶飼主的狀況，為什麼她會在養了六隻狗狗之後依然感覺缺憾呢？我想很可能是因為，人和動物之間的聯繫要能成立，其中很關鍵的一個條件是在人與動物相處的時候，雙方必須「共同受益」。

晶晶的飼主，似乎總是以自己的角度去照顧這些老弱殘的狗狗，但是沒有從照顧的過程中得到相對應的滿足感，反而只有滿滿的負擔與無力感。從她照顧晶晶的狀況、計畫執行的落實度、配合的積極程度等來看，再再都告訴我，她其實已經精疲力盡，她的這一題，恐怕不會因為她再養一隻「正常」的狗狗就能解決。

況且，如果「我需要一隻正常的狗」這句話，若晶晶、阿姆，還有飼主家中的另外四隻狗都聽得懂的話，牠們心中又會作何感想？飼主的言下之意是指現在她身邊的狗狗都無法支持她，只會消耗她的氣力；她需要另一隻狗狗，經營她理想中的人犬關係。一旦如此，她就會變得完整。

這樣的訴求，恕我不能贊同。

養一隻動物，跟牠建立「互相支持」的關係，這樣的念頭並沒有不對。但是，當一個人是「需要」跟動物建立關係的時候，這是不是代表他心中有個空缺，希望由其他人或動物來填補？背負著這樣的空缺、需要，一個人是否有能力好好地經營這段關係呢？他會不會反而因為掛勾了太多期待在另外一個動物（或人）身上，而在這段關係中患得患失，水滿碗翻呢？

再者，回到晶晶飼主的例子，因為動物狀況不佳，求助於醫生，但無法好好地執行雙方都同意的改善措施。這樣的醫病關係，真的有辦法治好動物嗎？

雖然世界上有大量關於HAI正面的研究，但擁有動物不總是有益身心的。有焦慮或憂鬱傾向的飼主，可能因為照顧動物的時間、精神、經濟負擔龐大，造成自己持續憂慮動物的健康狀況，反而使得身心更不健康。照顧動物並不是一件容易的事情，在好的情況下照顧者會感到滿足、自我成長與成就感。反之，若照顧者沒有足夠的資源可以照顧動物的話，飼主便會因此感到愧疚、挫折、對自身評價低落。[13]

在此，我要把這篇文章開頭說過的話，再拿出來說一次——所有習慣「讓難題加成」的飼主，我由衷地建議，如果你有一個難題，請去處理它；不要冀望另一隻動物、另一個人、另一段關係，可以神奇地讓這一切好起來，那其實只會讓事情變得更複雜，讓難題越變越多。

但是，身為行為獸醫師，我們的角色是給予建議，無法代替任何飼主做任何實質上的決定；在問診即將結束的時候，我從晶晶飼主的語氣中感受到，她其實不是在徵詢我的意見，而是在向我宣示：「我的身邊又要多一隻狗狗了喔，問題又要變得更複雜了喔……但這次是因為我想要救自己、想要照顧自己的心情，才決定要養的。」

語畢，我有了一種「我可能幫不了這位飼主」的自覺。而晶晶的飼主，大概沒有自覺自己可能幫不了那些動物。後來過了幾天，她跟我說她決定好新的狗狗了——又是一隻老殘弱的小型犬。

知敵——動物心裡苦，但是說不出口的困擾

Be Kind. For everyone you meet is fighting a battle you know nothing about.

出自英國作家伊恩・麥格萊倫（Ian Maclaren），這是我很喜歡的一句話。請和善待人，因為每個人都有自己的人生難題，而你無從得知。這句話是以人類為例子，至於動物呢？

常常人類會開玩笑地說，回家看到自己的動物「爽爽的」，好像什麼事情都不用做，自己則是工作得「比狗還累」。當然被吐槽的「狗」不會回嘴，牠八成只會一如往常地用濕溽溽的黑色鼻子，頂頂下班回來疲憊不堪的你，你也就不介意了，於是心甘情願地拿出牠的食物，慰勞牠的等待以及熱情的迎接。

但是，「爽爽的在家什麼都不用做」，這件事是真的嗎？那隻總是躺在客廳地毯上，你經過時偶爾用尾巴敲敲地板的狗狗，真的一點煩惱也沒有嗎？

針對「爽爽的」狗狗，我想提一個牠們身上常見的壓力——失去自主權。

曾經我遇過一個個案：五歲的米克斯，前半生跟著飼主一家人住在郊區的透天厝，飼主遵循比較傳統的養狗方式，不牽、不鏈、不關。狗狗每天就是整棟透天爬上爬下的，自由自在。即使走出家門，附近也人車不多，交通算是安全，鄰居也都認識這隻狗狗，所以牠的前半生在老家附近，可說是相當吃得開，無拘無束。

然後，牠跟著飼主一家人搬到了公寓華夏，進出有管制、搭電梯的那種。人生地不熟，且無法自由進出，飼主一家人很快就發現，狗狗的活力不如以往、而且常常躲起來，跟先前的行為模式大不相同。

我們可能會猜，是「搬家」對狗狗造成了影響，但也許不能理解會影響到什麼程度。搬家後，狗狗的生活領域從「一條街」變成「一層樓」，原本習慣的生活模式，也由於生活領域的變化全部崩解。去哪裡吃飯、哪裡休息、哪裡交朋友，通通需要重新建立規則。「去哪裡、做什麼」原本這隻狗狗是可以自己決定的，中年後突然被限制。雖然熟悉的人類夥伴都還在身邊，但比起嶄新的電梯華夏，狗狗恐怕還是比較喜歡那個可以自由進出、熟悉的透天老屋。

除此之外，犬貓生活在人類的社會，有很多的困難和限制，是人類第一時間，使用人類先決的思考模式難以體會與想像的。譬如說，以下這個想像起來恐怕很辛苦，也不太舒服、幾乎是無法適應的困難——短吻犬的呼吸。也許有些讀者已經有認識到這個問題，但是，狗狗的「呼吸自主權被剝奪」，這是我們做了再多心理準備、看了再多相關個案也無法習慣的事情。

不知何故，短吻犬很少來找我，幸好（？）。但短吻犬犬種確實也是很容易有行為問題的犬種，跟法國鬥牛犬、近年流行的惡霸犬一樣，都常有散步暴衝、性情不穩定、衝動的問題。到底牠們「比較衝動、不易安定」的背面，藏著什麼苦衷呢？

我曾經遇過一隻巴戈犬，茂茂。我們見面的時候，牠在寵物旅館裡寄宿，因為牠有不停踱步的問題，飼主找上了我。茂茂的過去不為人知，某一天牠出現在高雄郊區，無依無靠，不知所措。沒有人知道牠為什麼在那裡，附近也沒有人看過牠。這樣的品種犬，通常沒有自己在街頭謀生的能力，尤其是短吻犬，在動不動就攝氏三十度以上的台灣，離開冷氣房久一點，很容易無法自行調節體溫，熱衰竭死亡。合理推斷，牠是被棄養的，且沒有離家太久的樣子。

第一手收留茂茂的人，是地方的動保團體，被路人通報而進行救援。動保團體初步評估，茂茂年紀應該不小，但畢竟是品種犬，要送養其實不是太難，消息曝光之後，經過了幾天的聯絡和篩選，很快地，茂茂就出現在新飼主家了。

新飼主，也就是委託我幫忙的人，是位年屆五十左右的獨居女性，姑且叫她張姐。張姐經濟條件頗佳，唯一的生活伙伴，也是一隻巴戈犬。

像張姐這樣的狀況，其實也滿常見——因為對於某個品種的狗狗、或是具有某種外表特徵的動物，有著特別的情感，而把這種情感轉移到另一隻符合條件、具有相似特徵的動物身上。

張姐收留茂茂的起心動念其實非常非常的單純——她不忍心看到跟家中相似的狗狗流落街頭，評估過自己的能力許可，於是想要給牠一個家、一個安穩的晚年。雖無法確切知道茂茂的年齡，但一隻中年的品種犬，尤其是短吻犬，照顧起來恐怕要花不少錢。因此，張姐做為認養人的條件，可說非常理想：有經濟能力、家中人口動物單純、時間充裕，而且家裡已經有一隻巴戈，應該很熟悉這種犬種的各種特性，接手後比較不會有「與預期不符」的問題。

無奈往往事與願違啊。

根據張姐描述，茂茂到了新家之後幾乎沒有好好睡過覺，總是在家裡不停地踱步繞大圈圈，從家的一端走到另一端再走回來，像在尋找什麼似的。腳步並不快，但停不下來。有時看牠似乎是走累了，試圖坐下、趴下，不久又起身，繼續慢慢踱步。

張姐尋求訓練師的意見，訓練師建議張姐先把茂茂的生活領域縮小，侷限在某個區域，希望能改善這種現象。他告訴張姐，適應新家總是需要一些時間，急不來，別擔心。我推測訓練師做此建議的原因，可能是他認為茂茂不熟悉新家，所以要設定安全領域，讓牠從小範圍開始熟悉——也藉著限縮區域，直接讓茂茂無法執行這種全家踱步的行為。

結果是，茂茂雖然無法再逛全家了，但牠在侷限過的空間裡面還是在踱步，或定定站著，總之無法長時間地坐下或趴下，當然也沒有好好的睡覺。

詢問第一手收容茂茂的動保單位，是否有觀察到這樣的狀況？但由於茂茂待在動保單位的時間其實相當短，而且動保單位的空間不大，又狗口眾多，茂茂這樣的行為，可能被視為「暫時受到驚嚇且驚魂未定」，只被當成是正常程度的不安，並沒有太放在心上。

幾天過去了，茂茂還是站站坐坐的，這樣的不安定影響到了張姐，且一天比一天更加焦慮。尤其是半夜聽到茂茂走在地板上噠噠噠的聲音，有如茂茂一直在告訴張姐：我適應得不好。我很不安。我無法休息。

張姐自己也好幾天沒有睡好了。她無法看著茂茂焦慮的樣子，而自己不做些什麼。由於「侷限空間」這個措施沒有幫助情況好轉，於是訓練師又提議帶到他們家開設的寵物旅館，由他們觀察，也換個環境，看看是否是空間的問題。也許換個空間問題就好多了。

壓力山大的張姐同意了，茂茂先由訓練師代養。這就是為什麼我接手時，茂茂會在寵物旅館。聽完張姐的說明，我明白這表示即便換了一個空間，茂茂的狀況依然沒有好轉，於是她只好轉而求助行為獸醫師。

茂茂算是比較特別的個案，因為照顧牠的訓練師沒有辦法給我太多資訊，畢竟照顧的時間不長。也可以說，沒有人對於茂茂的狀況是清楚的，需要靠我自己觀察，其實滿棘手的。但還好，很快就找到可疑的原因了。

茂茂踱步時，胸廓起伏的速度相當淺且快，這暗示著牠的心肺功能不是太好，當然牠是單純的興奮也有可能，只不過茂茂已經在旅館裡好幾天了，初期的適應期應該已經度過了。因此，心肺功能不佳是相當值得被考慮的。

「茂茂先前做過健康檢查嗎？」我問。一般來說，動保單位在「拾獲」這樣來路不明、明顯是家犬的狗狗，會先安排一個大概的檢查，再來安排下一步。

「有的。」代為照顧的訓練師回答我。

「有發現心臟或是肺臟有什麼異常嗎？」

「好像懷疑有肺水腫。」

「……噢。」我覺得，我找到原因了。

像茂茂這樣天生短吻的犬種，由於被培育成鼻徑短小，其上呼吸道、鼻孔、鼻腔、咽喉等構造受到限制，造成呼吸道狹窄、進氣和出氣阻力大，原本日常的呼吸，對短吻犬來說竟是一件辛苦費力的事情。[14] 況且，茂茂還有肺水腫的問題，牠的情況是上呼吸道的先天不良，又加上下呼吸道、氣管、肺的功能缺陷，想必這樣的牠，呼吸起來是難上加難。

茂茂如今的生活，可以說是，只要還有一口氣，就在為那口氣奮鬥。光是存在著，沒有人干擾、沒有外界刺激，光是呼吸著，就很痛苦。要怎樣才能讓牠平靜呢？該怎麼讓牠適應環境、與人建立關係、不焦躁踱步？

「這不是單純的行為問題，我建議應該要積極回診，先處理生理狀況，至少讓肺水腫的狀況緩解，我們再來談適應環境。」

這是我給張姐和她合作的訓練師的建議。我沒有給出明確的關於「踱步行為」的改善策略，因為，要等生理疾病緩解之後，才好談行為問題的改善。

幸好，茂茂的問題是明顯的。牠當初其實曾被診斷出有肺臟的問題，只是，可能因為牠在救援中被轉手再轉手之後，救援人員疏忽了追蹤與控制病情的後續發展，而當初診斷的動物醫院可能也覺得到時會再由領養人的飼主帶茂茂接受治療，才沒有給出長期的治療追蹤計畫，導致現在的結果。這是溝通和交接上的人為疏忽。

被成功救援，接受了治療的茂茂算得上是一隻幸運的狗。只不過，牠的故事提醒我這個世界上還有其他短吻犬存在。而牠們是不是也正在承受同樣的呼吸困難而坐立不安、情緒焦慮，但卻因為沒有得到正確的「診斷」，於是被視為「牠這樣很正常」、「牠只是比較容易緊張而已」，長久地生活在天生不適合呼吸的身體裡面，忍受著呼吸窘迫的痛苦。

這裡雖然說的是短吻犬的呼吸問題。但放大來看，有很多飼主以為的動物行為問題，其實背後都有疾病和生理需求的因素，鮮少能完全分開看待。[15]事實上，動物的行為反映著現在的身體和心理狀態，若身體不舒服，第一時間當然會表現在行為變化上，但身邊的人（飼主）不一定有接收到這樣的訊息。動物沒辦法說話，沒辦法像我們一樣說自己不舒服、肚子痛，或用語言準確表達自己有生理需求沒被滿足——需要吃飯、上廁所等等。於是牠們只好「表現出來」，但卻容易被誤會在鬧脾氣、整晚不睡覺、不乖、尋求莫名的關注等等。我常常在路上看到情緒激動、容易暴衝、反應敏感的短吻犬，飼主或是安撫、或是拖拉往前。每次看到這種情況，我都會想，若是不會游泳的人，被丟到水裡，一口氣都吸不上來，快要淹死的時候，大概也會非常激動、無法平靜下來吧。

在動物表現行為異常時，首先應排除生理因素，也就是執行基本的健康檢查，初步確認身體無恙，才是保險且合乎動物福利的做法。然而「完全排除生理因素」在醫療的實際面也有極限，很難真正達到；即便我們做了再精密的檢查，也無法確保動物沒有生理上的病痛。二〇二〇年英國林肯大學發表的一篇報告中，特別點出了「疼痛」在行為問題中扮演的角色——疼痛具有盛行率高、慢性漸進、不易診斷等特色，在臨床證據尚未足以給出明確診斷之前，行為問題可能做為動物因應疼痛而表現出的一種「適應性的變化」，意即，疼痛也許尚未發展到跛行、不良於行等明顯影響動物生活品質的程度，但潛在的，某些層面已經讓動物做出行為改變。[16]像這樣亞臨床（subclinical）的疾病表徵，除了疼痛之外，也很容易發生在牙科、皮膚、腸胃疾病等，慢性的漸進性惡化過程。

簡單來說，行為問題很有可能是生理疾病的「輕度症狀」——動物感到有點不舒服，於是改變自己的行為，試著去適應調節它。

這也是為何主流的動物福利與動物行為機構，建議在動物表示行為異常時，應在假設是行為問題之前，先排除生理疾病。若在「輕度症狀」的階段，就能夠進行醫療檢查，辨認出這是一種生理疾病的表徵，動物便能夠得到提早治療的機會，避免疾病的惡化。

因此，當動物表現行為異常時，除了心理層面之外，生理層面也必須被考量進去，才能制定一個足夠全面的治療計畫。舉個淺顯易懂的例子，我們常說的「久病厭世」，即是慢性的生理疾病在先，個體因為長期承受著身體的病痛，導致日常不便、生活自理困難，進而引發了長期的壓力負面情緒與情緒障礙的結果。這樣的故事，再再表示了個體沒有得到應有的治療，或是治療延誤、治療方向的不當，讓個體身心不堪負荷、受苦。

遺憾的是，我們常常發現一些生理問題被解讀成行為問題的案例。例如，貓咪的不當便溺（在砂盆以外的地方上廁所），非常容易被當作一般的行為問題。有些人選擇用換貓砂、改變砂盆、甚至訓練等等嘗試性的做法來「矯正」貓咪，但這不但沒有處理到核心的問題（貓咪行動不便，難以使用砂盆，或是因為腎臟病、糖尿病等慢性問題，使上廁所的需求增加），反而讓已經生病的貓咪，需要頻繁適應新的貓砂、砂盆位置，甚至因為不合理的訓練手法，而徒增額外的壓力。

知敵，要說的是我們應該找出敵人在哪裡，是誰。別在無關緊要的事情上花太多精神——別一開始就搞錯了敵人，施行一些方向偏頗的改善計畫，讓動物壓力更大、飼主更不理解。導致最後問題沒有被重視、解決，也損害了人和動物之間的關係。像茂茂這樣的狗，在呼吸都有困難的前提下，還被要求要安靜下來，實在是個有點荒謬的要求。試想，你會叫一個溺水的人，冷靜一點嗎？他在做的，其實是生存的掙扎，不是胡鬧；那些暴衝、脾氣不好的短吻犬、或是其他受苦於生理問題，卻有口難言的狗狗，很有可能也是如此。

獸醫小劇場 5

醫生我希望可以訓練狗狗在家上廁所。
這個訓練比較辛苦，因為違反狗狗天生離巢排泄的傾向。
我知道。但還是希望牠可以在家上廁所。
是工作長時間不在家，不方便嗎？
沒有！我在家上班。

失靈犬來兮——動物向你發出的神祕求救訊息

有時候，你想要描述一件事情，卻腸思枯竭找不到適當的詞語，詞不達意。或者當你有點緊張、腦袋一片混亂時，也可能會不停地重複某個字詞。這個現象在小朋友身上，特別容易被觀察到，因為他們尚不懂得掩飾自己的緊張。記得自己小時候被逼上台演講的經驗嗎？是不是身體緊繃、聲音緊繃、腦袋一片空白——想說什麼，卻說不出來。即使說出來了，也是不知所云，或是無意識地反覆說著無用的連結詞，像是：「因為……因為……其實……其實……」然後偶爾用手撥弄一下頭髮、摳一下指甲、拉一下衣服等，不斷地重複這幾個動作，像是「打結」了一樣。

當詞彙不足，或者是因為緊張、害怕、擔心焦慮，而無法好好思考的時候，我們說話就會結結巴巴的。這種「表達失靈」的情況你一定多少經歷過；而且有經驗的人也應該知道，在那種狀態下的情緒，是不太安定的。

動物，也像人類會有「失靈」的時候。當動物的某項動作無法達成目的，情緒無法緩解而持續地累積、高張，漸漸變得緊張不安時，也會開始重複地執行某項行為；牠們就跟我們一樣，情緒困頓的時候表達功能會「跳針」：重複詞不達意的舉動，或甚至是指鹿為馬都有可能。

這一篇，要來介紹一隻「失靈」、「故障」的狗狗：臘腸犬，名為蛋蛋。

蛋蛋有聲音敏感的問題，對於雷聲、傾盆大雨、鞭炮、煙火等聲音，反應特別激烈。不巧的是，蛋蛋住在台北市蛋黃區最熱鬧的地方。每當節慶密集的季節（跨年、聖誕節）來臨，煙火的聲音響起，牠就會出現飼主不理解的行為；近來情況惡化，甚至是在平常沒有巨大聲響的日子裡，都會有些異常的表現。

「牠會在家裡快速地走來走去，有時候會來找我，我就口頭安撫牠，或是把牠抱起來，有時這樣可讓牠平靜下來，有時沒有辦法。如果抱不住，我就只好把牠放下來，讓牠繼續在家裡跑來跑去。最後牠通常會停在更衣室裡面，用鼻子頂我放在地上的衣服，反覆地摩擦布料，鼻子都磨破流血了也不會停下來。偶爾還把掛著的衣服咬下來，把整個更衣室的衣服都咬到地上，再繼續用鼻子摩擦衣服。我好幾件衣服都被蛋蛋的血染色了，看起來非常嚇人。」

類似蛋蛋的狀況，對聲音敏感的狗狗其實非常多。針對特定或特別大的聲音感到害怕、焦慮，是件滿常見的事，在狗、貓、人的身上都會發生——例如有些人特別討厭刮黑板的聲音。只不過聲音敏感不是本篇的重點，我們先輕輕帶過。我想要討論的是，蛋蛋被煙火引起的的異常行為模式。

之前提到，被逼上台演講的小朋友會因為過於慌張，而開始進行一些重複且徒勞無功的行為。確實，執行重複而單一的行為，有可能會讓我們安定下來，例如嚼口香糖、打毛線、慢跑等，都有可能讓從事者找到一些自我的掌握感，繼而讓發散而慌亂的意識集中，並讓心情冷靜下來。

然而，蛋蛋的「磨鼻子」，已經造成自身的傷害（鼻子受傷），且似乎是無法自主地停下來。慌張到這樣的程度，牠恐怕無法安撫自己，反而會在徒勞無功的行為裡讓自己陷入更糟糕的情境。就像是小朋友在焦慮不安時常有的摳指甲行為，即使指甲裂了、皮開肉綻了，若緊張的心情持續，這樣的行為便無法停止。

說蛋蛋「徒勞無功」，坦白說是我個人的推測，可能有點過於主觀。因為我假設蛋蛋「用鼻子摩擦布料」的行為，是種「對抗聲音」的方法；由於臘腸犬是一種搜捕型的獵犬，牠們會使用長長的鼻子去嗅聞其他獵物的味道，甚至把鼻子伸進洞穴裡翻找，來進行捕獵；也可以說臘腸犬是「習慣用鼻子來處理事情的狗狗」。

我推測，當蛋蛋面對巨大壓力、腦袋一片混亂的時候，牠首先試圖逃走，於是在家中不停踱步。當牠上上下下跑遍了家裡，發現自己逃不出去之後，便想要「找一個可以躲起來的地方」，或是「創造一個躲藏處」。因此，蛋蛋用鼻子摩擦布料，可能是試圖翻找，希望可以在布料之間找到一條通道，或是挖出一個可以躲藏的空間。

這個策略看起來可能很荒謬，但別忘了，蛋蛋是一隻對聲響敏感的狗狗，牠聽見巨響時已經已經嚇壞了，沒辦法用理智來思考事情，所以有可能會設定一些看來不可能會成功、荒謬的救命策略。就像人在溺水的時候，會試圖要抓住一根稻草救自己的命。但難道我們真的相信那根稻草可以讓自己浮起來？或其實我們只是需要抓住某個東西，讓它成為象徵希望的木頭？

蛋蛋沒有成功「在衣服堆之間挖出一個洞」——我們知道希望渺茫，但牠沒辦法停止嘗試。已經嚇到失去思考能力的牠，就算嘗試失敗也沒有辦法換對策，只能不停地失敗，又不停地嘗試。可惜，我們永遠也沒有辦法問蛋蛋牠當下真正的想法：究竟牠是不是想要藉由磨鼻子的動作試圖離開這裡；牠有縝密的逃脫計畫嗎？或者從頭到尾都沒有這個意圖？亦或是磨鼻子可能有其他不為人知的用途？

飼主沒辦法得知蛋蛋真正的想法，她只知道蛋蛋很激動，卻不知道在激動什麼，因此沒辦法執行飼主的責任——幫助蛋蛋排除恐懼與焦慮。蛋蛋的求救與自救策略失敗了，導致牠的行為更加激烈。如此嚴重的失靈行為，已經接近刻板行為(Stereotypic behavior)，或是強迫行為（Compulsive behavior）的定義了。

我們先討論一下以上兩個詞語分別的定義，來看看它們是否符合蛋蛋的狀況。當動物出現重複的、單一、意義不明的行為時，刻板行為（Stereotypic behavior）是比較被接受的名詞。最常聽到的，是像動物園裡的動物，在長期關籠之下，出現了重複的、看似無意義的行為，例如踱步、轉圈等等。

強迫行為（Compulsive behavior）則比較複雜。一般來說，在動物（或人類）心智正常的狀況下，一個行為被執行完畢，執行者也到達目的後，該行為就會停止了。若目的已達成，該行為卻沒有停止，反而被重複地執行，就可能被認為是強迫行為。為人熟知的強迫行為是重複地洗手；一開始是因為衛生的需求，想藉由洗手的行為獲得「乾淨、清潔」的感覺，然而明明洗完了，目的也達到了，卻無法移除腦袋裡「想要洗手」的念頭，並不停有「洗手」的念頭闖入腦海，於是只能沒完沒了地清洗。

刻板行為與強迫行為有時很難區分，它們關鍵的差異，在於「該行為是否有明確的目的」，這種區分在動物身上幾乎是難以達成，因為我們沒有辦法請動物做出主觀的描述；請牠們說說看，自己到底為什麼要這麼做？但不管是刻板行為或是強迫行為，都只是一種病態行為的分類，我們有時候並不能夠很確切地把動物的行為做「分類」，畢竟，動物是活的，環境、條件、情緒是動態的，而定義是死的。硬是把動物當下的行為做分類，其實並沒有太重大的意義，也無助於解決動物的苦痛。

在蛋蛋的情形，我無從得知牠「磨鼻子」的行為是否有確實的目的，不過，我可以確定的是，蛋蛋磨鼻子、自殘的行為，來自於聲音的刺激，也就是煙火。沒有煙火的刺激，蛋蛋便不會有這樣自殘的行為。若有可辨認的、特定的、來自外界環境的觸發因子，那麼事情就很單純了。我最後是建議飼主，設法讓蛋蛋「不要聽到煙火」。先從環境管理做起，避免動物接觸到引發情緒的事物，這通常是最有效率、最簡單能夠處理動物「失靈」的方法。

蛋蛋的案例，是比較極端的。然而，在「正常」的端點與「疾病」的端點之間還有一片廣大的灰色地帶，位於其中的狗狗往往因為「失靈」得不太明顯、不容易辨認，導致牠們受到的身心折磨，卻沒有得到重視；之所以會有這種「失靈犬被忽視」的問題，其實跟人類的觀察力有關。

狗狗天生具有觀察人類的能力，許多研究表示，與人類相處過的狗狗，可以正確地取得人類的指示或暗示，完成複雜的工作或是解決難題，也能透過人的表情，了解人的情緒。[17]至於，狗狗懂不懂得反過來向人類表達需求呢？這個問題，如果問狗兒飼主們，我相信應該大部分的飼主都會回答「會」。他們可能會說：「我的狗狗在吃飯時間會坐在廚房前面看著我。」或是「我的狗狗會對門口吠叫，來表達牠想進去。」二〇〇三年米克洛希（Miklósi）[18]等人發表的報告，表示幼犬具有在遇到困難時，會以眼神關注人類行為的能力，說明狗狗很早就具有「向人類尋求幫助」的行為與能力。[19]

然而，身為狗狗最好朋友的人類，是否具有足以解讀狗狗行為的能力？到目前為止，科學對於人類解讀狗狗肢體語言的數據研究，給了悲觀的答案——許多人忽略了狗狗的情緒與表達，即使是飼主，也不見得有接受適當的練習，好讓自己能看懂與他朝夕相處、理當比較了解的動物。[20]這也是為什麼，類似蛋蛋跟飼主的故事，其實非常常見——狗狗向飼主表達自己的問題了，但飼主沒有辦法理解狗狗持續傳達的訊息，就形成了一個「失靈」的溝通機制。

誠如之前提到的，在「正常」與「疾病」之間有一個很寬廣的灰色地帶；有些狗狗的「失靈表達」是破壞傢俱、吠叫不止等，但因為這行為過於尋常，有時只會被當作一般的行為問題，被加以矯正。若我們只是希望矯正動物的行為，卻沒有看到那些行為後面的情緒，沒找到真正讓動物焦躁不止的原因，那麼一個做為飼主，就是沒有好好地「傾聽」動物的表達、正視動物的求救訊號。

有個常見的迷思：有些飼主聽聞「狗狗激動時，不要安撫牠，因為這樣會鼓勵、加強牠激動的情緒和行為，牠會以為激動的行為可以獲得關注」。我個人並不支持這樣的說法。這樣的說法先假設了「狗狗失控，目的只是想要獲得人類的關注」。事實上，動物生活在人類的世界裡面，其實有很多事情是需要人類幫忙的；牠們無從得到食物、躲避危險、解決自己生理和心理的不適。因此，牠們的表達之中有可能藏有痛苦的情緒，應該要得到重視與回應。我遇過無數個飼主，因為聽聞了「獲得關注」的迷思，便強迫自己忽略動物的求救訊號，使得動物跟飼主都痛苦不已；這樣對雙方都非常殘酷。我想，每個人多多少少都有感受動物的能力，請相信自己身為飼主的直覺。若不給予回應，只會造就越來越多「求救卻得不到援助」進而表達失靈的動物。

我認為，若動物表現情緒激動，且明顯是負面情緒時（這有勞飼主用心觀察、體會），應該優先懷疑「牠是不是遭遇了什麼麻煩？」並且幫牠解除情況，這樣才是符合動物福利的做法。以蛋蛋的例子來說，牠初期遇到聲響時，常見的表現是「在家裡快速地走來走去」，還沒有「用鼻子磨衣服」的行為，然而，那時飼主對蛋蛋踱步的行為不以為意，雖然試圖安撫牠但沒有明顯幫助，最後只好不加以處理，只希望蛋蛋的焦慮會隨著雷雨的停止而自然停止。[21]直到後來，蛋蛋踱步的時間變得越來越長，對於聲響的恐懼反應也越來越大——即使雷雨停止，蛋蛋也需要好一段時間才能平復——並且開始出現磨鼻子的自殘行為。

其實，無論是踱步或是磨鼻子，都很可能是蛋蛋在表達「我好害怕」並試圖解除危險的方式。然而危險和恐懼沒有被解除，牠只好持續「失靈」，嚴重到沒有聲響逼迫牠的時候也會這麼做。到最後牠變成了一隻就連飼主都難以理解的狗狗。

如果飼主早點來找我，我會建議她，在蛋蛋還在踱步的階段，就應該要正視「蛋蛋無法忍受煙火聲」這個事實，幫助牠躲避、創造更加隔音的空間、使用安神藥物，或者離開該處等等。如此，蛋蛋就不需要採取磨鼻子、自殘這樣令人傷心的行為了。

呼應先前提過的刻板行為：許多來自圈養的野生動物、或是牧場動物的研究都認為刻板行為可能做為動物福利不良的指標之一，[22]如環境不符合動物的需求、飼養密度過高、有難以辨識的慢性壓力、環境過度單調等等。而蛋蛋出現持續磨鼻子，類似刻板行為的狀況，符合「慢性壓力」、「環境不符合動物需求（無法躲避恐懼的聲響）」等。事實上，我們不需要硬邦邦的學術報告來告訴我們，動物可能正在受苦，當你的動物出現某種「意義不明」又「持續不停」的行為時，我們就應該要重新檢視一下，牠的生活中是否遇到了難以言說的困境？為什麼牠一直在做我們看不懂的事情？牠這麼做的目的是什麼？

幫助動物度過難關，這是每位飼主，應該要做的。

除了蛋蛋之外，我也常常看到，凡事都以吠叫來表達的狗狗。想出門、想吃飯、被喇叭聲嚇到、路人經過……全部都吠叫、一律吠叫、無差別的吠叫。由於「吠叫」是個沒有特異性、不精確的表達，[23] 這樣的狗狗很難讓飼主了解「牠遭遇了什麼困難」，飼主也無從幫助牠，困難不會被解決，狗狗也只能一直不停地吠叫，而問題持續存在。

以人類的比喻，就像是這些小朋友沒有學習語言。一遇到問題，就只會哭。肚子餓哭、冷了哭、熱了哭、跌倒疼痛哭、思念媽媽也哭。牠傷心、害怕、不確定自己是什麼情緒、不知道該怎麼處理，只好啟動原始的求救機制：哭，或是吠叫。

但心裡的難過、身體的難過，不同程度的難過，怎麼能用一樣的方式來表達呢？而且如果不能精細地表達「我好難過，而且是為了某件事情」，那別人，又怎麼能幫忙呢？因此，遇到這種情況的飼主，往往會對自己的動物產生一種認知：我的狗狗很容易激動，一激動起來就叫個不停。他們一旦打從心底接受了「牠只是很愛叫，沒什麼」、「我的狗狗很膽小，沒辦法」這種設定之後，就會將動物的負面情緒平常化，久而久之就不再在意，不再放在心上了。然後，飼主開始慣性忽略動物的求救機制。

遇到類似蛋蛋的狗狗的時候，我總覺得非常心酸。牠們學不會分辨與表達自己的情緒，別人也無從了解牠怎麼了。牠們不只被困在自己的身體裡面，也被困在飼主的觀念裡面了。但是，我想，只要稍微用心感受，所有人都可以感覺得到，「失靈犬」的情緒狀態都相當的高漲。當牠們表現出「意義不明」的行為的時候，我們可能無法給每個行為明確的解釋，但我相信在那樣的狀況下，給予解釋並沒有意義；因為很有可能，牠們自己也不知道自己在做什麼。

值得注意的是，在這種情況下，失靈的狗也很容易「失控」；即使人類只是出自好意，想要擁抱安撫牠們，也很有可能被牠們攻擊（幸運的是這種慘劇並沒有發生在蛋蛋的飼主身上）。然而牠們絕對不是故意的，只是情緒緊繃之下，不得不對外界突來的刺激產生反射性的防備攻擊。牠們沒辦法分辨來者是敵是友，是否跟牠們緊張焦慮的來源相關；牠們只能一律給予負面的反應。

因此，請切記不要貿然接近看似失靈的狗狗，也請明白會動「口」攻擊的動物其實有牠們的苦衷；你的朋友心情不好的時候，口氣當然不好——你的動物心情不好的時候，當然也不會對你有好臉色。人跟動物畢竟溝通方式有別，難免會產生誤會，進而讓雙方都受害。在行為門診裡面，誤會有千千百百種，每一種都會傷害人和動物的關係；在動物失靈的時候，我想做為飼主，應該可以包容、慷慨一些，不要把這樣的誤會，放在心上。

試想，如果朋友在心情不好的時候，說了一兩句難聽的話或是做了沒道理的事情，你應該要處罰或是怪罪他嗎？應該不是吧？正解應該是帶他去唱KTV，或是逛夜市。而類似蛋蛋這樣選擇自殘卻不傷人的動物，更是需要人類的救援與諒解，或是一根簡單的潔牙骨、一條肉泥；如果可以的話，及早察覺失靈動物們的求救機制，成為那個可以安慰牠們的人吧。

孩子交點朋友吧——「社交」，強求不來的兩個字

如果你有在狗公園待上一個下午的經驗，應該會發現，一群狗狗在自由互動的時候，就像是一群幼稚園的小朋友：有人哭鬧嬉笑特別大聲，有人會一直去挑釁別人，有人無論爸媽如何鼓勵都不要加入，只是哭著要回家。同樣的，有些狗狗的吠叫特別誇張，有些努力跟其他狗狗邀玩到騷擾的程度，有些就是瑟縮在飼主腳邊。無論飼主如何的鼓勵，牠只是一直攀附著飼主，希望飼主帶牠離開這裡。

在這個狗狗的社交場合中，有隻名叫伍迪的狗。牠的飼主如此描述牠的社交手腕——冒冒失失地撲到別人身上、發出興奮的低吼聲，一會兒又壓低上身邀玩、屁股扭啊扭的。然而面對伍迪這樣的舉動，狗狗們都與之保持距離。伍迪只能在牠們旁邊跑來跑去，一副像是被排擠的樣子。聽起來，有一種伍迪很主動，很想跟別的狗狗一起玩，但不諳社交之道，所以無法融入的感覺。

此外，伍迪的飼主還說到：「上次我出國時讓伍迪去寵物旅館寄宿。在那邊工作的保姆姊姊跟我說，伍迪寄宿時還算穩定，但牠有時候看到其他狗狗會有點失控，像是撲到牠們身上，或是激動地跑來跑去。我覺得有點不好意思，因為如果伍迪特別失控，別的狗狗也會怕牠。我好希望牠跟其他狗狗一樣，可以快快樂樂地一起玩，互相追逐。」

為了確認問題，我進一步詢問飼主：「除此之外，伍迪在寵物旅館還有其他適應不良的狀況嗎？例如說不願意出去散步，吃飯飲水量下降，或者是一直吠叫、站在門口徘徊想離開之類的？」

「沒有聽保姆姊姊說，應該是沒有其他大問題。其實伍迪在單獨的籠子裡休息的時候都很安定。只是在旅館安排放風，讓狗狗到公共區域活動的時候，牠沒辦法跟其他狗狗玩在一起，好像被大家排擠了一樣。」

說到這裡，我感覺得出來飼主的難過。她就像是一位母親，聽到幼稚園的老師說自己的小孩在班上被排擠一樣；她好希望她的伍迪可以跟其他小朋友一起快樂地玩耍；她希望她的狗狗快樂。

恰巧，伍迪的飼主在工作上也須要面對大量的人；與人相處、協調、談話是她的專業。她是一位氣質高雅的婦人，擁有極為清楚的口條、不慌不忙的說話速度。在與她對談的時候，我感到如沐春風——她已經超越了所謂的「有禮貌」，到達了通情達理、深諳人情世故的程度。這樣的她，大概多多少少會希望自己的狗狗就算不能像自己一樣高雅大方，也至少不要在社交場合「太失控」。

到底這麼熱情的伍迪，遇到了什麼樣的社交難題呢？

社交，是一件非常複雜，不可能被「獨立完成」的事。行文至此，容我先給社交一個明確的定義：社交行為（social behavior），意指個體與另外一個或多個個體、相處與互動的過程。[24]而社交行為又可以簡約分為三類：

1. 偵查行為（investigatory behavior）
2. 友好行為（affiliative behavior）
3. 競爭行為（competitive behavior）

不論是我們或狗狗，都是從小就開始練習這些技巧，並在犯錯、冒犯他人、面對或釋放不悅情緒的過程中去修正自己與別人互動的方式、拿捏自己與對方相處的分寸。大家應該有發現，在幾篇文章中，我很大膽地使用人類的社交行為來譬喻狗狗的社交行為。原因是狗狗跟人天生都是社會性動物，且有長達一萬年共同生活的歷史。家犬，是馴化與人擇的育種造就的結果，可能是因為如此，家犬和人類的社交行為有驚人的相似度，甚至學術界也討論以家犬當作研究人類社交行為的動物模型（Animal model）。[25]因此我們可以使用人類的思維邏輯來說明狗狗的行為，通常也不會有理解上的障礙。[26]

身為社會性動物的狗狗，從小在與媽媽、同胎之間互動的時候，就等於是在磨練未來的社交手腕。而這個不間斷地與其他個體磨合的過程，在狗狗的「社會化時期（socialization period）」會達到學習的高峰——到了約三至十二週齡的期間，狗狗的感官和運動系統已發育，可以主動地對周邊進行探索。探索對象除了母親、同胎手足、人類等其他個體之外，也包括環境中的聲音、視覺、嗅覺等各種刺激。這個時期的社交經驗和環境刺激，會關鍵地影響狗狗往後的反應與行為模式，並且在未來難以扭轉，甚至是無法扭轉。[27]因此從狗狗出生到這個時期的影響對牠們來說至關重要。

狗狗的幼年期間必須要經歷這個階段的考驗，才有可能讓生澀的社交行為變得成熟圓融：學會如何觀察、應對。然而這個期間的狗狗學的不只有「社交」而已，還有牠們的「世界觀」——像是雲是在天上飛、車是在地上跑的認知等等。以及其他許許多多的偏好，例如進食、休息的形式、對人的印象與互動模式等，也會在此時形成。[28]而牠們在這個階段養成的各種「習慣」，有可能會在日後變成理所當然的「行為」。伍迪，很明顯的就是沒有將社交技巧磨鍊得圓融，行為像個小屁孩一般的「白目」。

也就是說，牠有點不會看其他狗狗的臉色啦。

我們常說人喜歡搞「小團體」，形成「小圈圈」，其實一點也沒錯。社會性動物，不論是人或狗，都會以一個集團（group）為單位而生活。以家犬的近親——

野生狼的研究來看，目前的共識是，狼的最小生活單位是家庭（family），[29]也就是說，一隻公狼、母狼、數隻小狼所組成的集團，是支持狼群存活與壯大的最主要形式。

做為「社交新手村」的家庭，是一個相當特殊的單位。因為血濃於水，家可以包容絕大多數的社交錯誤；小狼、小狗、小貓、小人類一旦走出了家人的庇護，開始外出打拼之後，則非常須要學習「如何與其他社會性動物形成集團」。形成集團、集體行動的好處是「對內支援、對外競爭」。互相合作，抵抗外侮——一起結伴獵那隻最大的鹿，獵到之後，一同分享——這是社會性動物與生俱來的，與他者合作、尋求共識的傾向。

要能夠形成集團、取得合作，第一步就是要有辨認「誰是我結盟的對象」的能力。因此，狗狗有許多偵查行為（investigatory behavior）的目的，是在於搞清楚對方是否為善類，是否對自己沒興趣，彼此之間有沒有可能合作、結夥，讓兩者變得更加壯大。前面所描述的狗狗「打招呼」，就屬於偵查行為的一環：見面先聞聞屁股——狗狗肛門週邊的腺體具有狗狗特徵的氣味，用以標註自己是誰——再聞聞耳朵、碰碰鼻子。雙方交換訊息，以利彼此進一步的偵查；這是狗狗最初階的社交行為，但伍迪似乎在這一步就碰了壁。

回溯伍迪飼主的描述，伍迪在「看到其他狗狗的時候，有時會有點激動，撲到牠們身上、或是跑來跑去」。也就是說，在伍迪還沒有確定其他個體是否有意願與牠互動，甚至可能還沒搞清楚來者是誰的時候，伍迪就做出了過份的友好行為（affiliative behavior）。對於這種突如其來的「告白」，其他狗狗恐怕很難吃得消。以人類的狀況做比喻，就像是剛走到你面前的陌生人一開口就來海誓山盟——「請以結婚為前提跟我交往！」——誰吃得消！

在狗公園裡，除了伍迪之外，也有那種「很會」的狗狗；社交行為成熟的狗狗，若跟完全陌生的對象見面，通常都會很熟練地執行上述的套路，來確認對方的狀態——接近、在一定距離外停下來、迂迴地縮短至可接觸的距離、聞聞對方的耳朵、屁股（牠們在用人類難以理解的秘密管道溝通），然後會有一方決定雙方有緣（做出邀玩的動作）或是沒緣（撇頭走開）。

這套打招呼、確認對方狀態的動作，若在互相認識的狗狗之間，會越來越簡略。就像兩個陌生人初識，可能需要互相摸索一段時間，確認對方是否合拍，是否值得自己花時間相處或能否成為好友。反之，熟人見面只需要「喂」、「吃飽沒」然後互相以手肘碰撞，就完成打招呼了。招呼行為越簡略，代表彼此越熟識。不管是在人或狗的世界裡都有類似的規則。

因此，像伍迪那樣第一次見面就馬上邀玩甚或肢體接觸的狗狗，真的很容易被其他的狗嫌不識相；牠被大家拒絕其實是可以想見的。伍迪是一隻成年後才被領養的狗狗，我跟飼主連牠確切幾歲都不知道，遑論牠的成長過程、幾歲離母、幾歲離窩、社會化的過程是否有同伴——牠一直都是孤單一狗嗎？成年後有過狗朋友、人類朋友嗎？有交過女朋友嗎？這些我們全部都不知道。我們只知道牠現在的社交能力有待加強。

在我的觀察，像伍迪一樣不會社交的狗狗的比例其實相當高，伍迪絕非少數。在路上看到其他狗就吠叫不止、暴衝，邊吠叫邊退後等等的狗狗，都算是不擅社交的類型。即便是飼主，可能都看不出來牠們的激動反應到底是代表想互動、興奮、害怕，或是想透過威嚇驅趕對方。而問診過後，我發現這些不懂社交的狗往往都有一個生活單調、缺乏互動與刺激的社會化時期。之所以會有這樣的情況產生，我認為跟「城市」這個環境有關。[30]

以同樣身為社會性動物，生活在城市裡的人狗為對比：人類幾乎都有「上學」的經驗——與一大堆同齡的小孩在一起，你別嫌我、我別嫌你，大家打打鬧鬧地長大，然後在不知不覺中，一個人學會了做為一個人類應該有的社交舉止。然而一般在城市中的狗狗，多數都在離乳之後，約六週大就離窩，從此進入「家庭」，然後大部分的時間都被侷限在室內（除非放養），難有機會去串門子、找朋友、發展自己的生活圈。有的狗甚至完全沒有任何朋友。在這樣的環境之中長大，牠們又怎麼可能磨練、精進自己的社交技巧呢？報告指出，在犬隻生涯早期沒有與人類相處、互動的狗狗，有比較高的機率會終其一生對人類表現趨避、害怕。[31]像這樣「不會與人類建立關係」的狗狗，在「家犬必須回歸家庭」的前提之下，幾乎沒有地方可以去；只剩下收容所，做為牠們唯一的家。

由此可見，狗狗的「童年」真的對牠們來說至關重要；對於也許在社會化時期「發育不良」伍迪來說，要牠能跟其他狗狗一樣八面玲瓏地快樂互動，可能有點強狗所難。然而要一隻狗能與所有的狗有所往來，這不只對伍迪來說是件難題，對其他的狗來說也是。

在一些幼犬的早期研究當中，有研究者發現狗狗在四週左右，確實可能會對所有的人和動物「來者不拒」，直到牠們約十二週至十四週大時，才開始展現出社交選擇性——對某些互動過的狗狗，或是對雖然陌生，但具有特定特徵的對象產生偏好。[32]說得白話一點，就是狗狗有一天會忽然知道誰是自己的「菜」。而每隻狗狗偏好的「菜」，會跟先前牠們有好感的對象相似，例如模樣長得像飼主的人、貌似同胎兄弟姐妹的狗等等。

既然狗會有所偏好，那我們就不能要求所有狗狗一視同仁地喜歡所有狗狗；每隻狗狗都有比較想互動的對象，也有看一眼就不對盤，想要保持距離的對象。換句話說，好的社交，除了學會「如何示好」之外，也要學會閱讀「拒絕」的訊息。

很可惜，關於這點，我想伍迪也不是很熟悉。伍迪的飼主帶牠去的寵物公園、旅館，都是狗狗滿多的地方。在場這麼多狗，不太可能恰巧都不懂得表示「我對你沒興趣」。比較有可能的是，伍迪根本看不懂其他狗狗「不想互動」的表達，才會讓牠滿懷期待地送出互動的邀請，卻被拒絕，不停的嘗試、又不停受挫。

有些狗狗非常須要與其他人或狗狗相處，有些則是能夠怡然自得地獨處。伍迪是前者，這是無庸置疑的。飼主也表示，伍迪常常叼著拖鞋玩具來找她玩，讓她不得安寧。當伍迪的社交需求沒有被飼主滿足，滿心期待來到狗狗好多的地方，卻沒有一隻狗狗願意跟牠互動，那種挫折與期待的落差，想起來就感到心酸。想像一下你今天在一個聚會的場合，在場的全是陌生人，大家聊天聊得很開心。你一開口，卻發現不會說他們的語言，仔細聽，也發現聽不懂他們聊天的細節，只從他們的笑聲和動作當中，感覺到他們有順暢的交流，跟和睦的氣氛。但你聽不懂，也不知從何加入，就像被困在一部無聲的電影之中。人類以語言來做主要的溝通表達，狗狗是以肢體和氣味。看不懂肢體的狗狗，就像是聽不懂語言的人類，即便想交流，也沒有工具。社交受挫，可能就類似這樣的感覺，我不希望伍迪一直重複經歷這樣的事情。

基於保護牠的情緒為原則，我沒有鼓勵飼主增加伍迪的社交機會，而寧願牠多去培養其他的興趣，例如嗅聞玩具、藏寶遊戲，或好好地來一場散步、好好地讓五官浸潤到這個豐富的世界裡。就像是對待社交受挫的小朋友，我們不一定要馬上教他八面玲瓏，讓他收到全班同學的生日邀請卡。我們可以帶他出去郊遊旅行，接觸自然，甚或是，在家裡讀一本書、打一場電動也很好。

畢竟社交，是一件太複雜的事情，牽涉到兩個個體，變數太多、動態太多，只要有一方不同意，或不懂得如何經營關係，好的關係就難以成立。有時候單方面努力不一定有用，還需要一些運氣。

最後，我想要為所有對狗狗的社交行為感到煩惱的飼主們，整理兩個重點：

1. 適當的社會化與建立早期經驗，對於狗狗是非常重要的，這段期間必須好好的把握。要盡可能創造好的互動經驗，與互動的對象。

2. 錯過學習社交的關鍵期的狗狗，往後所能學習的社交技巧就很有限，我們應該把重點擺在「保護狗狗的情緒、避免受挫」，而不是讓牠們大量地進行社交練習；讓狗狗「自己想辦法學會社交」，不見得有好成效。這就像是小時候沒學過加減乘除，卻給了國中題目的數學讓他解題，這樣的期望，恐怕只會帶給狗狗的挫折。

再次強調，狗狗的「社會化期間」對於建構狗狗的社交行為與認知至關重要。許多資料都一致地表示它會影響狗狗一生；不論好壞，要扭轉已經形成的社交行為、障礙，可能須要耗費非常多的時間精力，承擔相當大的風險，卻不一定保證能夠成功。因此，狗狗的社交問題是件「預防遠遠勝過治療」的事。

然而，即便狗狗的行為模式真的難以被扭轉，甚至是無法被扭轉，不代表牠們的未來沒有任何希望。

以伍迪來說，幸好，在我跟伍迪的飼主溝通之後，她能夠理解，也同意我們先不要期待伍迪能「迅速地交到朋友」。畢竟伍迪是一隻從中途收養的狗狗，牠跟飼主的生活也還在磨合當中。雖然兩者的生活大部分已經上了軌道，正在穩定地培養默契與合拍的節奏，但伍迪的飼主很清楚，這樣的契合程度，其實是得來不易，非常幸運的進展。

而且，平心而論，並不是每隻狗狗都須要八面玲瓏（就像也不是所有人都必須有外向的性格）；花蝴蝶只不過是少數的狗狗。對大多數的狗狗來說，牠只要能夠好好地跟家人相處，就已經非常棒了。一人一狗一起生活，須要雙方互相配合與讓步、在生活步調上取得共識，並懂得觀察彼此、給予適當回應，慢慢地培養出人犬間獨一無二的默契，進而建立穩固的關係。打個比喻，就像交朋友是重質不重量；雖然沒有交友逛闊、遇到陌生人可以隨意聊上半小時，但有少數能交心的「知己」，可以真正的瞭解對方，享受對方的陪伴。這種「建立與維護有品質、有深度的關係」的能力，比「在公園裡跟萍水相逢的朋友打個招呼、追逐、玩耍一場」，要珍貴得多了。

雖然伍迪不太懂狗狗的社交辭令，不能當狗界花蝴蝶，但牠很幸運，能夠遇到現在的飼主。伍迪的飼主，也以很大的理解跟耐心，跟伍迪一起建築專屬於他們的生活模式，這樣就非常圓滿了。

獸醫小劇場⑥

那個…醫生
我收養一對貓咪兄妹，現在五個月大左右。哥哥竟然會性騷擾妹妹…。
而且牠們還亂倫!!
怎麼會這樣??
首先，這不是性騷擾。
這是貓咪
透過氣味讀取彼此訊息。
這也不是亂倫，
這叫
性成熟。
是很正常的行為。
…別說了
你還是趕快帶牠們去絕育吧。

表達——動物也會「口是心非」、「言不由衷」？

從前述伍迪的例子來看，不難發現動物表達的方式與人類差異甚大。在練習揣測動物心思的時候，我對「表達」這件事情，有了許多新的體會。

先說，「表達」是為什麼呢？

表達是為了闡述自身現在的狀態、想法、把內在的資訊傳遞出來。這個過程，包含了傳達者將想法轉化、編碼成可以被「發布」的形式。而接受者，除了接受之外，還經過了主觀的「詮釋」——將對方的想法形成「意義」。其中的每一個步驟，都可能會產生偏誤，因此，「表達」，或是更廣義地說，溝通，往往不如我們所想像的順利。

在傳統的認知裡面，人類使用「語言」做絕大部分的表達與溝通。語言和文字的發明，讓我們可以將想法紀錄保留下來，交給遠方、過去，甚至未來的人。我們的文明得以進展、智慧得以累積，很多時候都是靠這個能夠穿越時空的載體。因此，語言對於人類的重要性是無庸置疑的。

而，動物不會說話，牠們要如何展現自己的智慧，如何表達呢？

這章，我們就來討論一下，犬貓和人類表達的方式，有何不同。人類又如何不自覺地將自己溝通的模式，錯誤地套用在犬貓身上。

表達是一種綜合的呈現。不論人類或動物的都是。先舉一個人類的表達範例：

當我們靠櫃買冰淇淋的時候，有可能會跟店員說：「請給我一球葡萄口味的。」

而在說這話的同時，也可能會同時使用眼神（望向冰櫃裡紫色的那桶）再加上手勢（用手指在冰櫃玻璃上敲敲點點）。照理來說，明明我們只要使用語言就可以完全傳達出心意，為什麼要額外加上眼神跟手勢呢？這說明了，表達一直都一種「綜合呈現」。只是人類主要是使用「語言」做為溝通的形式，肢體、表情則是次要的。我想，大部分的人會同意這樣的陳述吧。

我常常聽到飼主問：「牠這個叫聲，是什麼意思？」會這樣提問，往往是誤以為動物和人類一樣，依賴使用聲線做為表達工具，才會有要解釋動物「叫聲」的意圖。確實狗貓在不同情境下的發聲（vocalization）具有不同的特徵，可能可以暗示牠們當下的情緒狀態。例如貓咪在友好、樂於接受的情形下，較可能發出短促、尾音上揚的聲音。而在厭惡的情形下，則會發出較低沉的聲音。[33] 狗狗的吠叫（barking）也有類似的現象：在牠們玩耍、心情舒暢的時候，吠叫的音調（pitch）較高，而當牠們察覺到威脅時，音調則較低。[34]

然而，我們對狗貓聲音表達能做的詮釋非常有限，就算有，也只是「現在可能生氣」或「現在可能高興」等等很片面的簡單資訊。我們無法確實得知犬貓為何生氣、也不知道牠們歡迎的是誰。

相比之下，人的語言可以做出——具有主詞、時間、動作、受詞——一個語意完整的句子。而世界上如果真的有「狗語」或「貓語」的話，我們要解讀的可能不只是叫聲，還要參考牠們的肢體動作、瞳孔的形狀、毛髮和觸鬚等等，甚至還要綜合有其他眼睛不可見、耳朵也聽不到的「表達工具」，才有可能合理推論出牠們想要表達的到底是什麼。

那個神秘的表達工具，叫作犁鼻器（vomeronasal organ, VNO）。

犁鼻器是一種感官受器，許多動物都有，但犬貓的特別明顯。那是一塊肉眼可辨識的小乳突，位於口腔的上顎處，其開口在口腔內部，連通至鼻腔的位置。從它的解剖構造可以猜出，它屬於嗅覺系統的一部分，然而，犁鼻器所處理的感官訊息，跟人類所理解的「嗅覺」，可能不太一樣。

犁鼻器接收的訊息，並不是一般的氣味分子，而是與社交、繁殖訊息密切相關的費洛蒙（Pheromones）。也就是說，動物可以「聞」到彼此的社交狀態、情緒起伏，或是彼此是否抱持著「好感」。這個神奇的小乳突，哺乳類和某些爬蟲類身上都有，在不同動物身上的功能與發達程度也有所不同。而犬貓身上的犁鼻器是非常發達的，且貓甚於狗。

關於犁鼻器的描述，人類可能一頭霧水，畢竟我們從來沒有主動使用犁鼻器的經驗。對人類來說，聞出「寂寞」，可能不像是聞出「酸牛奶」這麼直觀的事情。也許是因為這樣，為了要加強我們的社交能力，人類開發了 Tinder 以及另外一千種程式，能夠發射小至一公里內、遠至飄洋過海的訊息，來昭告天下：我在這裡。或者擺出「忙碌勿擾」、「上線中」、「三十分鐘前剛上線」的圖示，來告訴大家你現在的社交狀態。

總之，人類無法像貓狗一般使用犁鼻器，這是肯定的。但是，人類是否多多少少會受到梨鼻器的影響呢？——會不會有個關不掉的背景程式，在我們的意識底下偷偷地運作，讓我們不知道自己為什麼特別討厭或喜歡某個人？

很抱歉，這點目前還是科學家們熱烈辯論的題目，暫時沒有結論。[35]但可以確定的是，人類的犁鼻器系統，相較於犬貓，可說是退化到了幾乎沒有功能的程度（而究竟還有沒有功能，是有待爭論的）。也就是說，由於我們完全不知從何理解這個犬貓專屬的「神秘頻道」，因此當你家裡的狗狗貓貓心情鬱卒，以費洛蒙的形式表達出來的時候，身為人類是無法接收、理解該訊息的。

談到這裡，好像滿悲觀的？再怎麼努力，人類都無法了解動物的表達模式嗎？其實不然，雖然我們打不開已荒廢的梨鼻器，但仍然可以試著用眼睛解讀——經常被低估的——動物的「肢體語言」。

所以說，動物的「肢體語言」，是怎麼一回事？而人類本身是否也會使用肢體語言，做為溝通的一環呢？照先前提出的「買冰淇淋」範例來看，答案是肯定的。雖然我們長期被訓練要去理解「口語的語言」的內涵，不常談論「肢體的語言」代表的訊息。然而，若認真觀察並稍加練習，不難在與人對談時發現，肢體語言比口語語言，更坦承地透露了人內心的OS。

像是有時我們感受到一個人很緊張，並不是由於他說話的內容，而是（明顯的）他揮舞的、不知該安放何處的雙手，或是（隱晦的）他眼神飄移了一下，組合成一種高張的氣氛；我們或多或少都有這種藉由肢體「讀空氣」的能力，而貓狗又是怎麼「讀」的呢？

先前提過，貓咪的犁鼻器比狗狗的還要發達，這暗示了貓咪在表達和溝通上更依賴這個系統（但到底有幾成的訊息經由這個通道發送，暫時沒有實際的參考數字）。想像一下，兩隻貓咪相見時，有如漫畫《浪人劍客》一般，雙方看似沒有動靜，但意識裡面已經交手好多回了。或甚至在相見之前，貓咪在環境當中留下的費洛蒙，已經讓數公里外的其他貓咪知道這裡有隻大公貓不好惹；牠們會為了避免衝突而繞路。同樣的，犁鼻器也可以讓貓咪知道，在遠方有隻年輕可人的貓咪，正在尋找牠未來孩子的爸爸或媽媽。

狗狗的話，這種傾向與同伴一起合作、共同生活的標準社會性動物，牠們的社交活動非常頻繁，卻沒有如貓類發達的犁鼻器（也不像人類那麼會說話）。因此有學者認為，在任何社交情境下，肢體語言都是狗狗最依賴的溝通工具。[36]也就是說，狗狗們是依賴用「表演（display）」的方式，來傳達自己的狀態；用「觀察」的方式，來接收對方的訊息；讀對方的「空氣」。

狗狗的肢體語言非常細膩（相較，貓則略遜），牠們懂得觀察，也懂得表達，可以用肢體傳達非常多層次的訊息。生而為人，我們當然不太懂得如何直接解讀狗狗的肢體語言，但好消息是，觀察並理解狗狗的情緒與表達，這樣的練習並不太難；由於狗狗有高功能且外顯的肢體語言，是容易觀察的對象，因此有非常多的團體投入推廣研究，試圖系統化地解讀狗狗的面部表情和肢體語言，期望幫助人類更有效地理解狗狗試圖傳達的訊息，進而增進人和狗狗之間的關係。如美國的 FearFree，[37] 它是一個知名的教育平台，提供了許多免費的資源，介紹如何從狗狗眼睛、嘴角等細節，推測狗狗的心情。

瞪視、皺鼻、掀嘴皮，即暗示狗狗生氣了；瞇眼、壓耳等，則通常表示牠們放鬆了心情。FearFree 特別著重於介紹犬的負面表情與肢體語言，期盼提高人類對狗狗負面情緒判斷的敏感度，以便在狗狗一開始警戒、不悅時，馬上停下手邊的動作，做出修正與回應，藉此可避免讓狗狗的負面情緒再升高，並降低牠們產生攻擊行為的可能性。

我們常說狗狗是「人類最好的朋友」。以「朋友」來形容兩個物種之間的關係，也帶出了兩個物種應該是「平等」的客觀事實；朋友跟朋友的相處，應該是互相的，對吧？因此，人類應該也要具備某些程度「解讀狗狗的肢體語言」的能力，才有可能與之維持如此密切的關係。

透過「平等」溝通、對話的兩者（包括狗與狗、狗與人、當然還有人與人）才能看見對方的需求，若有摩擦也得以被化解、彌平。反之，若雙方沒有理想的溝通模式，不旦容易發生衝突，且難以和解，也可能導致雙方的鏈結斷裂。

有開始覺得理解狗狗的肢體語言很重要嗎？這是本章的用意。然而，即便狗狗利用面部表情、肢體語言、乃至聲音，做出相當多變化，讓自己具備能夠傳達出多種不同的意義與情感的能力，以利與外界溝通，但牠們的表達會不會「表錯情」呢？狗狗會不會想著A，卻說出B呢？（這我們叫口是心非），又會不會在生氣A，卻攻擊B呢？（這我們叫掃到颱風尾）；這兩種情況在人類的溝通與表達裡面超級常見，然而，如果要說狗狗「表錯情」就是做了「壞事」，其實並不盡然。

延續上一篇伍迪的案例，讓我們再拿互動的狗狗來做例子。假設現在有個一熱一冷的組合。這兩隻狗狗在公園相遇的時候，熱的那隻興致勃勃地表現出互動的邀請，冷的那隻在約莫三公尺外，沒有靠近、也沒有遠離，只是低頭專心地嗅聞地面，似乎在自己的世界裡——這時冷漠狗狗的飼主可能會感到非常疑惑，心想：「我家狗狗沒有看到對面那隻狗狗嗎？怎麼都沒有反應呢？」

事實上，那隻冷漠的狗狗當然有看到，甚至可能一公里外就聞到另一隻熱情狗狗的存在了。但要怎麼解釋牠像是無視對方的反應，難道牠是在假裝自己沒興趣，想來個欲擒故縱？

事實上，狗狗的「無視」，很有可能是一種替代行為（displacement behavior）：即在事件的當下，由於不敢或不願意展現真正的情緒或行為，而執行一種「看起來與原來目的不相干」的行為，來轉移注意力，安撫自己，進而舒緩或化解事件當下的情緒。想一想，同樣身為群居動物的我們，將狗心比人心的話，你的通訊軟體，若掛上了「忙碌中」、「不在線上」，難道你每次都是真的不在線上嗎？在複雜的社交世界中，我們多少都會遇到想要「裝忙」的場合吧。

想像看看另一個以人類為主角的場景：聽到每次都問你薪水的三姑婆要來家裡拜訪的時候，你突然問媽媽家裡有沒有欠什麼，可以去幫忙買，多遠都沒有關係。

或是當你老闆請你進辦公室時，泡了杯茶給你，然後艱難地對你說：「大環境不好，未來公司可能會對你的部門進行大規模的縮減……。」當你聽到這裡，拿起茶杯喝了一小口……這時的你，真的是覺得口渴嗎？

如果不是的話，你喝茶就可能是因為正在思考要如何回應老闆。你不願意表現得太失禮，也不願意被看出心中正刮起大風大浪。這種時候，不論是拿茶杯、挪動身體、推眼鏡、擦汗，都是完美替代行為的範例。這些舉動完全無害，且不需佔用大腦容量。你在拿起茶杯的當下，其實是在努力整頓自己的腦袋，想辦法化解現在的危機。也可說這是一個避免衝突的舉動——當有利於自己的資訊不夠明確、對方來者不善，或單純自己沒有多餘的心力（畢竟社交是很耗能量的）時，就先來個替代行為：閃躲、裝沒事。

因此，我們也可以說「裝沒事」其實很類似「逃走」，都是希望「不要接觸」的意思。逃避雖然可恥，但總是非常有效；換句話說，「替代行為」往往是偏向「拒絕」的意思。通常，社交技巧完善的狗狗都看得懂這種行為的背後意涵。

然而，「看得懂」是一回事，能不能「船過水無痕」則是另一回事。讓我們再回到剛剛假想的公園場景——那隻興沖沖來邀玩的狗狗，搖尾趴地了好一會兒，但另一隻狗狗都沒有回應，只是逕自聞地板，然後邀玩者不久後就（舔舔鼻子？）自行離開了。雙方需求不同（一方想玩、一方不想）的相遇，和平落幕了，似乎是個完美個結局。但這看似風平浪靜的結尾，有一件事需要我們特別注意：看似成功執行的替代行為，都有可能像顆未爆彈一樣，在日後被莫名「引爆」——然後被飼主視為是「犯錯」。

任何有替代行為發生的場景，通常都有點壓力——狗狗才會需要將情緒隱藏、喬裝（人也是）。然而那股壓力卻不一定能被完全地消解，有可能會在事件平息之後，因為某個觸發點忽然又一股腦地噴發出來。舉例來說，我們常常聽到狗狗去動物醫院的時候，表現非常乖、非常配合，但回到家的當下或是過幾天，就對飼主、家人表現平常沒有的吠叫甚或攻擊等行為，整體情緒比較不穩定。

飼主表述的方式常常是：「狗狗去醫院、洗澡回來之後，會生氣好幾天，那幾天只要摸牠，牠就會回頭生氣要咬人，本來都不會這樣的！」這時，飼主往往會有狗狗「對外人很乖、但對家人很壞」的觀感，因此覺得委屈。

其實飼主說得沒錯，這種狗狗的情緒轉移行為（redirected behavior），很像是我們在外、在工作受到了委屈，礙於職場倫理或是工作壓力不敢表現出來，回家時，媽媽問你要不要吃飯，你就沒好氣的說：「不要啦！」是一樣的道理。也就是俗話說的「掃到颱風尾」啦。

同樣做為社會性動物，狗狗社交行為的複雜程度跟人類有驚人的相似處。我們都有內建的「社交安全氣囊」，用來傾向維持群體的和諧、避免衝突；我們都會在事前評估事件的風險，在與其他個體相處時也會衡量自身的利益與群體的利益。若衝突的對象比較強大、潛在的危險太高，我們都會將自己當下的負面情緒壓抑住，轉移到身邊的、熟悉的，可能是平日待自己溫柔的對象身上釋放。

因此，如果你是被狗狗「轉移」、「遷怒」的對象，也不需要太難過，因為這不但是「人」之常情，也是「狗」之常情。

這一章明明想要談的是「表達」、「溝通」，為什麼談到後來，關鍵反而變成與「情緒」有關呢？

因為，如果表達和溝通是平鋪直敘、直來直往、你說我就聽、我說你就聽的一件事，那就天下太平了。但我們都知道事情不是這樣的。溝通很難，除了技術性的問題之外（是否有辦法傳達出去、接收得到），會在其中作祟的就是「情緒」了。情緒不只會造成訊息的衝突、轉移、替代，也會將原本想要表達的訊息偽裝成另一種樣子表現出來。因此，情緒也有機會造成兩者的誤會跟遺憾。

你有「明明不是那個意思，卻在衝動之下說了相反的話」或是「明明想這麼說，一時之間卻說不出口」的經驗嗎？不勝枚舉吧。

犬貓和人類都是高等哺乳類動物，擁有頗為類似的情緒神經系統，專精此領域的潘賽普教授（Jaak Panksepp）[38]曾說到：「（人和動物）在心智的底層是類似的，而在心智的頂層大相逕庭；牠們是情緒的生物，我們是認知的生物。」[39]他的研究指出人和動物之間同樣擁有情緒的感受能力——兩者都會受到愉悅、恐懼、焦慮、憤怒等種種情緒的影響。但不同的是，人類在接收到情緒之後，能更好地統合情緒以外的其他資訊，進行複雜的統整思考和計畫決策。因此人類理當擁有較高的自我控制能力，可以做出「不被情緒主宰」的行為。然而為什麼是「理當」而不是「絕對」？被情緒沖昏頭而衝動行事的經驗，大家都有過吧？事實上，我們難以想像潛在的情緒如何在我們沒有意識到的階層，影響甚至主導我們的行為。

近年，除了智商和專業技能之外，我們也非常重視情緒控管能力，認為情緒智商（Emotional Intelligence, EQ）好的人，比較容易獲得成功。過去，我們的教育似乎沒有好好地教我們如何梳理與安放自己的情緒，好像只要背對、忽略它，它就會平靜地消失一樣。然而，我們都知道不是這麼一回事。情緒就像是我們的影子一樣，牽連著我們，不可能擺脫。

聽聞，目前已經有許多團體致力於推動在基礎教育裡面融入社會情緒學習(social emotional learning, SEL)，在學校這種社交張力高的場域，引導學生如何辨識自身潛在的心理活動，學習與它和平共處。

辨認自身的情緒，是一個議題，而如何轉化與處理它，又是另一個大題目了。以犬貓來說，輕度負面情緒、壓力跟挫折，也許可以隨著時間被消化與淡化。但是對於在人類社會生活的犬貓而言，牠們很少有被聆聽、尊重意願的機會，人類不經意地對待，可能在牠們身上累積大小不一的負面情緒，而人類甚至不會留意到。「現在是散步時間了，飼主為什麼還沒有回家？」的心情，發生在主人月底加班時。「那個陌生人帶著好大好奇怪的東西進家裡，我要把他趕出去，但我一吠叫，飼主就會訓斥我，為什麼？」的心情，發生在你請師傅來家裡修冷氣時。

類似以上的小小負面情緒，都有可能累積起來成為「我只是像平常一樣摸摸牠，牠卻突然回頭咬我一口。」的原因。

因此，要理解動物，應該先從練習觀察肢體語言開始，也就是要留心動物身上發生的各種事件，也許那些我們認為日常的、雞毛蒜皮的小事，對動物來說，都可能在情緒面引起巨大的波瀾。每天打開電視，看到這麼多「違停被開單，車主對警察破口大罵」、「感情糾紛，男子街頭大打出手」等新聞，仔細想想，這些看似有點失控、小題大作的人們，也可能都是情緒壞了事。你自認是個情緒控管能力很好的人嗎？如果沒把握說「是」，那就別責怪動物在情緒的操控之下，會做出各種莫名其妙的表達吧。

獸醫小劇場⑦

＊貓咪一天大約需要12～16小時的睡眠喔。

老朋友——伴侶動物的最後一段路

我很少看到飼主，是真正「做好準備」的——準備關於迎接犬貓「老年」的這件事情。

狗貓的壽命比人類短，因此成長與老化的速度，當然相對比人類快。一般來說，貓咪十一歲算是正式步入老年。犬隻依體型，小型犬平均壽命長一些，可達十五～十八歲，因此約莫十～十二歲可被認為老年。中型犬（十公斤左右），約莫十歲就進入老年生活。而大型犬平均年齡較短，八歲就可以稱得上是老狗了。

人類面對貓犬的老化，總是表現得措手不及。我很常看到飼主面帶苦笑地說：「我這兩三年，都沒辦法做長途旅行呢。離開家兩天就會心慌慌。找了寵物保姆到府照顧，但是不可能所有生活習慣都交接得好啊。」確實很多飼主們為了家裡的老貓老狗，不得不壓縮自己的時間、打斷原本的計畫，或是急急忙忙地臨時跟公司請假。然而，這些都算是比較「好」的狀況。因為他們雖然看似狼狽，但至少還「趕得上」。我比較怕遇到的，是用「早知道」做句子開頭，心中滿懷懊悔的飼主。

舉例來說：「早知道小咪會在我出差的時候不吃不喝，帶去醫院結果腎臟指數爆表，我是不是不應該在這個時間點，暫時離開牠？」或是「早知道做了膝蓋的手術，小寶恢復的過程這麼困難，讓我們吃了好多苦頭，當初就應該不要執行這個手術的。」

事實上，不管飼主是不是能夠「早知道」，老年動物的身心狀況就是比較難維護。不管飼主再怎麼小心，總避免不了那「最後一根稻草」——一個不如預期事件、一個環境的變化，忽然讓動物適應不過來，就全盤皆倒了。以上述的例句來看，恰巧壓垮動物的是「飼主的出差」，但若不是出差，遲早也會是別的。那個遲或早，真的沒有差太多。

老年動物的身上常有多系統的病痛，不同系統的病痛也有可能扯彼此的後腿。例如一個動物如果同時患有腎臟功能不良與慢性心衰竭的話，牠既須要多補充水份，維持腎臟的灌流量，但是過多水份又會造成心血管的負擔。這時每個醫療的決定，都會變得相當困難且重重風險；像這樣的慢性疾患，發現得早，可以減緩惡化的速度，但要讓這個疾患完全回復，就比較困難了。

我們試著做個數學題，進行非常粗淺的推估：一隻狗狗有退化性骨關節的問題，飼主考慮為此動手術。醫生評估狗狗的患處嚴重程度、年紀、身體狀況等等之後，他認為手術的成功率是百分之六十——若成功了，動物往後的生活品質可以得到一定程度的改善，反之若失敗，可能會與術前持平，甚至有可能比術前更糟。

對飼主來說，這樣的機率，意義是什麼呢？

在面對這項手術決定的時候，假設有一半的飼主會認為風險過高，決定不動手術，讓動物保持原本的疼痛、行動困難，以及生活不便。而在他們往後相處的日子裡，當飼主看到動物敏感、不願意跑跳、無法盡興奔跑玩耍的樣子時，不時會對自己提出質問：「當初不手術，這個決定是對的嗎？」也就是說這一半不做手術的飼主，常常會為了自己保守的決定感到遺憾。

另外一半，決定開刀的飼主們，假設他們之中的百分之六十確實如醫生預測，得到了快樂的結果，使得他們很慶幸當初自己做了正確而勇敢的決定，但依然有百分之四十的人會失望——他們付出了高額的手術費，陪伴動物經過了漫長的手術、回診、復建等等之後，只換來跟以前差不多，甚至更差的生活品質。因為手術結果不如他們心中的預期，難免會產生這樣的疑問：「如果，當初我沒有決定手術該多好？」

結論：這題數學的答案，是只有百分之三十的飼主，最後會慶幸自己下了正確的決定。另外百分之七十，總有辦法（或很有可能）讓自己寫出一個「早知道」的懊悔句子；這真是一個輸面很高的賭局啊。

當然這只是一個粗淺的推估，手術的成功率也不是一個數字可以囊括說明的，甚至如何定義成功的手術都值得爭議。這裡想要強調的是，若我們面對的是有疾病的動物，在搶救牠健康惡化的路上，原本就會有許多變因；所有的醫療行為其實都是一個介入的措施，卻常常被誤以為是因為介入才導致疾病的惡化。

事實上，就算不介入，疾病依然會惡化——尤其如果我們面對的，是生理平衡、免疫功能等自癒機制，原本就比較弱的老年動物。

所以，說到底，真的不是因為做不做手術、出不出差、或是其他照顧老年動物時須要做的一萬個選擇、醫療行為等造成了牠們的不幸，而是老年動物的身心狀況本來就處在崩潰的臨界點。飼主們實在不須用各種「早知道」的變化句型來責怪自己。

老年動物，以及老年動物飼主遇到的心理掙扎，算是行為門診裡面的大宗案件。本案的主角，是一隻叫做善善的貓咪。

說實在的，這類案例都滿類似的，但會對善善特別印象深刻，可能跟我出訪善善家時戲劇化的場景有關。

那天剛好遇到社區停電。當時我已經到善善家附近了，善善媽媽才傳訊息跟我說這個意外。怎麼辦呢，討論了一下，既然遠道來了，還是看看吧，若真的有困難，可以先打道回府，擇日再訪。

所以，我到善善家的時候，善善爸爸正忙前忙後，溫和地跟我打了招呼之後，就忙於處理意外停電、家內外的大小事。剩下善善的媽媽跟我，在手電筒的微弱光線下，一起討論關於善善的狀況。而善善媽媽，則是從一領我進門開始，就不停地道歉。

「不好意思，家裡突然停電。」

「來來來，小心喔，不好意思，那邊有個門檻。」

「很熱吧，冷氣今天沒辦法運轉，真的很抱歉。」

我當然是全部回以「沒關係沒關係」，畢竟意外停電，也不是誰願意的。但隨著問診時間的推進，我發現，善善媽媽這樣滿口歉意、彎腰的身段、焦急想要彌補的態度，可不是只針對停電這件事情——包括在照顧善善身上，也是這樣的。

先來提善善本貓好了。牠是隻尋常的黑白米克斯，據悉，十八歲了，老貓無誤。

皮毛有些凌亂，毛色沒有光澤、皮失去彈性，垮垮地覆蓋在單薄的肌肉上面，顯現出貓整體的身型偏消瘦，且帶著骨感。

但說真的，以一隻十八歲的貓來說，肌肉流失跟皮膚鬆垮，都算是合理的事情，善善的外表，不算是病懨懨的樣子。尤其善善的眼睛，還相當有神，眼眶深度恰好，不太緊繃也不太鬆散。牠打量著我這個外人，尾巴微微規律地敲擊地板，坐在據說是牠的寶座（一張餐椅加軟墊）上，並不打算因為我的到來而離開，只是靜靜看著我。

我認為，以牠這個年紀，當然很難期望還能保持年輕時的神采翼翼，但以目前善善的外觀與神態來說狀況算得上是良好，看得出來飼主把牠照顧得很仔細。只不過，善善的媽媽似乎認為還有許多「進步」的空間——為牠準備了很多「補品」。

善善正在吃的營養品，恐怕比正餐還多，也就是說，牠目前是一隻「吃營養品就吃飽了」的貓咪。魚油、輔酶Q10、益生菌（兩三種）、化毛膏、營養膏、離氨酸、葡萄糖胺加軟骨素、葉黃素、鐵劑、多醣體，每天早晚還打兩次皮下輸液……我看了牠的菜單，食慾全無。

大家若有仔細看過貓咪吃飯，會發現貓咪鮮少是狼吞虎嚥、囫圇吞棗的，大多會小心檢視吃下去的每一口是什麼東西，若有異狀就會避開不吃、吐掉。個性謹慎一點的貓咪，會在發現異狀後，整碗都不要了。若善善每天可以吃這麼多營養品，善善媽媽應該已經練就了一身「把營養品藏於無形」的好功夫，也就是盡量讓營養品混入食物，挑不出來，才有辦法順利吃掉。

吃飯這件事，本該是伴侶動物生活中數一數二有樂趣的事情，如果善善的食物必須混入這麼多營養品，吃飯難免會變成一件讓牠疑神疑鬼的事：不知道今天食物裡又被加了什麼料；上一口咬到魚油，滿嘴魚味；這口咬到益生菌膠囊，有點黏牙……奇怪的味道與奇怪的口感，每吃一口食物都像是在踩地雷一般。

飼主很在意善善的消瘦。在我看來，這恐怕跟「吃飯變成一件壓力好大的事情」，有些關係吧。

「善善有必要吃這麼多營養品嗎？」我問善善媽。

「牠的心臟不好，上次掃完心臟超音波，心臟科的醫生說還不用吃藥，但建議要長期吃Ｑ１０，若惡化就要開始吃藥了。慢性腎衰竭確定有，兩年前有一次牠突然不吃不喝一天，我帶牠去常去的動物醫院打點滴住院了一個月。好不容易出院，醫生規定要長期打皮下輸液，當時還驗出牠有貧血，所以也要吃鐵劑。然後善善這幾年活動力下降得很明顯，以前我拍拍大腿牠會跳上來，但現在只是過來看看、想一想就走開了，走路也慢得很多。我上網查，發現貓咪老年的關節炎很普遍，再加上很多貓友說吃魚油有幫助，搭配葡萄糖胺效果會更好，我就都買了，希望能讓牠活動力好一些。還有益生菌，因為都是粉，牠不挑，加在罐頭裡面很好餵，我想讓牠多吃一些增加消化吸收，所以買了不同的種類輪流讓牠吃……」

這一串其實還沒有結束。但我光聽到這裡，就覺得善善媽給自己的壓力真的好大。最後我聽到的事情是，善善曾在不同的地方求診，而每個醫生都針對當次求診的問題和主訴做出了片面的建議。除此之外，善善媽也會在網路上參考海量的貓友「熱心」建議。

在這麼多紛雜的聲音裡面，沒有人幫善善媽排出優先順序，再加上善善媽又會上網找額外的作業來做，等於必修科目的作業沒時間寫，還跑去修外系的選修課。導致善善媽焦慮地認為「這些不同身體系統的機能是平等的重要、都很重要、都要維護、一個都不能少」。

然而，在多系統的老化、功能不佳的動物身上，應當先列出「必須做的處置、必須吃的藥、一定要完成的事項」，然後再列出「沒吃到也沒關係的藥物或營養品、可做可不做的處置、如果貓咪抗拒就不做的事項」。最後，可以考慮有一些「行有餘力再做的事項、有吃很好，沒吃真的沒關係的營養品」。這樣，照顧者才會知道哪些是「必修的」哪些是「選修的」——善善媽每天有非常非常多的注意事項，承受的壓力不在話下。況且有些注意事項，在我看來CP值很低啊。

善善媽身上的壓力，善善當然會感受得到，畢竟牠是被照顧的對象，所有處置都是衝著牠來的。善善媽說，從不知道什麼時候開始，善善就不喜歡進主臥了，經過主臥門口的時候，還會特別保持距離，這對原本習慣跟善善一起睡在床上的飼主來說，是一件心中有點糾結的事情。

「為什麼善善會越來越不願意進房間呢？現在都寧願自己睡在寶座上面，好像在迴避什麼一樣。到底為什麼呢？」

造成這個狀況的原因，可能有一千種（以上），但我想，最有可能的是善善對於主臥有不好的印象。也許是某個讓牠不太舒服、值得趨避的事情——按摩、餵藥、剪指甲等等——在主臥室裡發生了。

至於那到底是什麼事件，我覺得不是很重要。在善善媽媽每天這麼多的功課裡面，總會有一些造成善善的壓力。就算沒有個別的壓力，這些處置總加起來，也足以讓善善感覺到被干擾了。

我認為目前最重要的，是醫療處置的精簡化，排出醫療的優先順序。如此，才能讓照顧者跟被照顧者，雙方壓力都會小一些，也才能在這眼看已經不多的日子裡，讓雙方保持好的互動——正常貓咪和飼主的互動——讓彼此感到互相支持、陪伴的感覺。而不是每天只剩下餵藥、抗拒、追逐、躲避。

在善善家的過程中，從頭到尾，當善善媽逐一跟我討論這些她每天必須為善善做的一千個決定，是否都合理的時候，善善只是坐在寶座上，偶爾起來伸伸懶腰，緩慢地走到客廳，跳上牠的另外一個寶座（沙發），繼續睡覺。再緩慢地走回來，在一公尺外看著我們。尾巴時而捲曲時而高舉。

我感覺，善善是隻心理素質滿高的貓咪。牠的「刻意避開主臥」在我看來已經是非常非常輕微的壓力反應了。我想，即便到了生命最後的最後，善善都會是一隻淡定而從容的貓咪。

反觀善善的媽媽，因為無法得到善善的反饋（例如說一句：「媽，妳做的很多了，不用再更多了。」或是「媽，我真的很討厭那種膠囊的味道，我的關節其實沒有那麼不舒服，我可以不要吃嗎？」）而深陷「寧願多做、害怕少做」的焦慮裡面。

事實上，照顧一隻生病或是生命晚期的動物，一定會對照顧者造成程度不一的心理壓力：每天不停歇地重複照顧事項、幫動物做的醫療決定等等，都可能會讓牠們壓力滿載，導致暫時失去正常的身心功能，導致決策能力降低，甚至發展出憂鬱或焦慮傾向。[40]特別的是，這種照顧壓力過載的現象，在貓咪飼主的身上又比犬飼主來得更常見。[41]

「我想要自己買復健用的雷射機回來打，就不用一直跑醫院了。另外，網路上也租得到氧氣機。善善心臟一直不好，我怕牠哪天會用到，是不是也要租一台回來？」

「妳先不要衝動。」我跟善善媽說，擔心她因為壓力過大而做出衝動的決定。

「我也是這樣跟她說的。」善善爸剛好經過，用輕鬆的語氣留下這句話。

看來，善善爸心理素質也滿高的。並不是說善善爸對於照顧善善很漠然，而是事到如今，接受善善的生命正在倒數是一件必要的事。生命如此自然地流逝，並不會因為我們強力的挽留，就能暫停在時光之中。生命的結束也許可以延緩，但不會停止。離別的那一天，終究會到。而比起害怕離別，更重要的應該是保持良好的生活品質，與珍惜倒數的時間。

至此，諮詢時間已經過了表訂的一個半小時。善善依然一派輕鬆，絲毫不把我放在眼裡（這在貓是好事），閉著眼睛在寶座上假寐。因為老化變成瓣狀的皮毛，隨著呼吸勻稱地起伏。

最後，我針對幾項最困擾善善媽媽的問題，給予了建議——睡眠調整（善善晚上不睡覺，善善媽就跟著睡不好）、營養品的去蕪存菁（有幾項我認為根本沒有必要）、將環境設置得更老貓友善：規劃容易到達食物、水、砂盆等等的動線——我並沒有說太多，因為就怕連我給她的建議，都可能成為她額外的壓力、新的課題。她的心就像是這個停電的傍晚，漆黑一片，手電筒照到哪裡，她就看到哪裡。沒有人幫她開燈，讓她看清楚事情的全貌，她只好在許多細碎而缺乏通盤規劃的照顧事項裡面，小心翼翼地摸索著前進。她大概也是想極力避免自己會有一天說出「早知道」的可能吧。

最後，想跟大家分享我在進修動物行為學的時候，一個心境的轉變——我曾經也是一個很會「早知道」的人。

由於台灣過去獸醫的養成環境裡，並沒有動物行為這門學科，因此我跟許多菜鳥獸醫一樣，剛執業的時候對這方面的了解並不多。直到後來我到了英國，開始修習動物行為之後，才被相關的新知識海量衝擊；我不得不開始反省，過去許多醫療上的考量，也許並不夠全面；我心中因此浮現很多「早知道」的句子。

例如當時獸醫普偏缺乏「社會化」的觀念，且早期傳染病猖獗，為了避免幼犬幼貓得到傳染病，會建議幼犬幼貓盡量待在家，在疫苗計劃施打完成之前，不要與外界接觸。這類的幼時隔離措施，讓許多犬貓五個月齡左右才真正的「落地」見世面，完全錯過了社會化時期。飼主因為信任獸醫師，聽從了建議，卻讓自己的動物成為敏感焦慮的高風險族群。

當時沒有自覺，我只重視生理健康，也每天在處理生理疾病，滿腦子都是如何與生理疾病對抗、如何預防再發生，卻沒有考量到動物是擁有高等認知功能的生物，有情緒、有動機、有欲求、有自己的喜好與選擇，也有心理健康，也會苦於心理的疾病與壓力。

廣義來說，當我們以「拯救生命」為目的，對動物進行各種醫療處置，我們無從得知，也沒有思考過，動物是否知悉，也同意這些施加於牠們身上的處置。

當時其他同學大多來自歐洲國家（我是唯一一個亞洲人），沒有人了解台灣獸醫現場，因此無人分享。懊悔的心情一直累積，直到我快被壓垮而必須找上導師談談。一直記得，導師聽完我說出一長串藏在內心的愧疚與傻問題——我是否替動物做了最好的選擇??——之後，只平靜地跟我說：「妳不需要為妳過去所做的決定感到懊悔，只要妳是一個正直的人，妳就會以當時、當地、當下妳所能取得的資訊，做出最好的決定。因此，妳不需要為妳的決定感到後悔。」

聽完，我吐出了長長的一口氣。

是啊，科學的本質就是一直挑戰與推翻現有觀念，現在被認為金科玉律的醫療知識，在將來也可能會被全盤否定。一直更新自己的知識當然有必要，同時也要有勇氣承擔：過去的我，可能考量的不夠周全，我當時其實可以有更好的做法。不能說釋懷了，釋懷沒有那麼容易。只是在往後的日子裡，當我遇到了難以決定的問題，讓我不停地瞻前顧後卻又害怕自己不夠瞻前顧後的同時，我總會把這句話再拿出來複習一遍。

下決定，需要承擔勇氣。身為老年動物的飼主或獸醫，我們所下的每一個決定都可能變成一個在未來糾纏自己的「早知道」。然而，「早知道」其實是一種相當狡猾的東西，它是一種從未來審視過去的時候才會出現的觀點。但能在時間軸上全知全能，永遠「早知道」的，只有上帝，或惡魔吧？

那我們凡人，又何必拿這個不可能擁有的觀點，來懲罰自己呢？

舊家——老年動物也可能會失智？

「醫生不好意思，貓咪今天不在家。」

「咦？妳先前沒有跟我說耶，我要改天再來嗎？還是說既然都來了，我們可以先聊一聊，了解一下妳現在遇到的問題呢？」

「嗯，說來話長，我們坐下談好了，要喝些什麼嗎？」

今天的開場白有些特別。原本家訪是為了觀察動物實際跟家人在熟悉環境相處的狀況，但偶爾會有看不到動物本人的時候（大多是非常非常怕陌生人的貓咪，從頭到尾都躲得不見貓影，而我不會勉強要見到牠）。至於說，動物完全不在家的，這還是第一次。

在這個特別的經驗中，我跟飼主依然聊滿了一個半小時，末了達成非常清楚的共識。事實上，飼主的貓咪飼養觀念非常好，也有強大的心理素質、清楚的理性思維，因此早在找我之前就已經做了對貓咪最好的決定。

她只是，很想知道她是否有對動物更好的做法，或是需要一個具有專業知識的外人（例如我），能支持她現在的做法。

今天的主角是姍姍，如先前所述，我其實沒有看到牠，只能經由飼主的描述，以及提供的一些照片影片，了解姍姍的背景和性格。

姍姍是一隻十五歲高齡的貓咪，據飼主所說，帶回家的時候才幾個月大——斷奶了，但未成年。姍姍幼時的狀況，飼主坦白說自己的記憶可能不太可靠，記不清楚，畢竟已經是十幾年前的事情了。況且，在收養姍姍的過程沒有什麼令人印象深刻之處。牠是一隻穩定而內斂的貓咪，對其他貓咪和人都沒有明顯的喜好或是厭惡。一般的生活習慣，如吃飯休息也是被動為之，對主食也不挑惕；貓咪會表示高度興趣的零食，姍姍也沒有特別喜歡。牠在家中有一個固定的休息處，是貓房矮櫃上面的軟鋪。飼主表示，即便貓房沒有關門，可讓貓咪自由來去，姍姍大部分的時間都還是待在那個軟鋪上面。

「那妳平常都怎麼跟牠互動呢？」我問飼主。

「牠喜歡梳毛，小時候有讓牠習慣在毯子上梳毛，所以牠常常看到我就會跑到毯子上，表示想要被梳毛。至於其他的互動或活動，無論是跟人、玩具、其他貓咪，姍姍都不太主動。」

依飼主所說，這樣的貓咪，在年輕時其實非常好照顧。牠簡直跟植物一樣，給陽光、食物、水，就可以活，不會對照顧者有其他要求。姍姍這樣的性格，跟家中另外一隻貓咪啾啾對比之下，更加的鮮明。

啾啾和姍姍年紀相仿，但啾啾早半年左右被收養，因此在這個家庭裡面，頗有

「哥哥」的意味，且剛好啾啾的性格較為活潑主動，無論是吃飯或是玩遊戲，啾啾都是搶先的。除了貓房之外，牠也喜歡在透天厝的上上下下探索。

啾啾和姍姍雖然活力天差地別，但由於性格互補，反而不會造成生活上的重大衝突。放飯的時候，啾啾總是會第一個埋頭吃；姍姍會等啾啾吃飽，才默默走過去。

「我媽都說，姍姍好像小媳婦。」飼主笑著說。

「晚上我會讓牠們都回到貓房，姍姍跟啾啾都睡在同一個貓床上面。雖然不常玩在一起，但牠們並不會特地迴避彼此，或是對彼此哈氣出爪之類的，印象中也沒有真正衝突打架過。」

兩隻貓咪體型都算正常，並沒有誰多吃或少吃了。這樣的組合，在我看來是非常幸運的。任何兩個個體，每天生活在一起，時時刻刻都是在磨合。雖然表面看來姍姍總是讓著啾啾，但由於生活環境的空間、資源都充足，姍姍跟啾啾沒有形成競爭的關係，反而產生了資源使用的「先後順序」；可以說，牠們在長久的生活之下，磨合出了一套「生活守則」；若兩貓都對生活守則有共識，衝突就不會發生，但這不是一件會理所當然發生的事。

除了姍姍跟啾啾之外，家中還有另外三隻貓咪。在這個標準的多貓家庭裡，飼主的母親偶爾還會帶外面的浪貓回來醫療或是中途，使得家中貓口不但眾多而且變化大。任何有經驗的貓飼主都知道，這樣的環境，貓咪很容易遭受壓力，而產生各式各樣的生理或心理問題。

然而姍姍不單與啾啾相安無事，牠跟其他貓咪完全沒有往來或衝突；無論有幾隻貓室友，牠總是最後一個去吃飯。牠那與世無爭的傾象，似乎讓牠對於環境如何變化都不以為意；牠只需要每天休息的地方、梳毛的時間，跟睡覺時可以窩在一起的啾啾。

時光匆匆，年輕的好日子很快過去，姍姍跟啾啾來到十歲左右的年紀，邁入老年了。此時由於飼主工作的關係，帶姍姍跟啾啾從老家搬出來，搬到此篇家訪的住處。現在的環境跟以前的非常類似，同樣在郊區、透天，有特別設置的貓房，而且更單純——牠們不再與飼主的媽媽同住了；少了一個人類夥伴，也少了偶爾進進出出的中途貓咪。飼主因為工作，每天約有一半的時間不在家，但兩隻貓咪有彼此作伴，很快就適應了新家。她在這段期間，也沒有感到兩隻貓咪有任何行為上的變化。

而故事的轉折，發生在十五歲左右的啾啾生病，不久後離世的時候。啾啾生病時，頻繁地進出動物醫院，此時飼主就有觀察到姍姍行為開始出現變化，有時候會在貓房發出不明原因的嚎叫，或是走到樓梯間徘徊嚎叫，這個行為是向來與世無爭的姍姍幾乎從來沒有過的。但由於當時飼主忙於照顧生病的啾啾，奔走於動物醫院、家裡、公司之間，連睡覺的時間都不夠了，也無力對姍姍的異常行為做任何回應。

啾啾離世之後，姍姍的異常變本加厲。

「我記得有一天晚上，姍姍在房間裡不停地踱步。牠從平常睡覺的地點，走到飼料碗前面、梳毛的毯子上，再走回睡覺處。整個晚上，就這樣三個點循環的一直走，都沒有停。」飼主帶我到房間，手比劃著那天晚上姍姍踱步的三個地點。她驚魂未定的表情，像在敘述一個靈異事件。

確實，跟平常有如植物的固定作息比起來，當天晚上姍姍的行為，實在太難以理解了。在房間裡不停的走著一個三角形，像是在進行某種儀式一樣。飼主的感受可能是：我的動物中邪了嗎？

「辛苦了，那後來妳怎麼處理呢？」

「我就把牠送急診了。」飼主說。

我想，在那樣的狀況下，應該是無計可施吧。無法讓姍姍停下來，看著牠一直跺步，飼主一定感到非常的焦慮。

「那急診的醫生怎麼說呢？」

「基本檢查沒有問題，血檢值也沒有異常。醫生說，可能是老貓的認知障礙。他開了一些鎮靜安神的藥物，就讓我們回家了。吃了藥，確實能好好睡，但不吃藥，就又繼續嚎叫跟踱步。大約一個禮拜之後，我受不了，因為會影響到我的睡眠跟工作，就先把姍姍帶回老家，讓退休的媽媽照顧。這也是為什麼姍姍今天不在這裡。」

「在那次之前，曾經有過類似的事件嗎？」

「偶爾姍姍會在貓房門口跟樓梯間之間來回走動，一邊走一邊大叫，好像在找什麼一樣……我在一樓聽到了，去把牠抱起來，跟牠說說話，不久就停止了。應該是最近幾個月的事情，一兩次而已。」

「送急診那一天，嘗試這樣安撫姍姍，但沒有幫助嗎？」

「是的，我試過各種方法，但牠停不下來。」說到這裡，飼主的臉又沉了下來。

問診到這裡，我停下來讓飼主喘口氣，因為剛剛那段回憶對她來說應該非常刺激；她看來餘悸猶存的樣子。

「還好媽媽也很喜歡貓咪，而且不用工作，照顧起來應該不會太辛苦吧？」這當然是試探性的問話。照顧一隻會踱步嚎叫的貓咪，怎麼可能不辛苦，睡都睡不好了。

「姍姍回到老家之後，就不嚎叫也不踱步了。現在老家的貓房裡面，還有另外一隻貓咪——其他的也都過世了。姍姍跟剩下的那隻貓咪，原本就一起生活過，彼此認識，雖然平常不會窩在一起，但也不會吵架。姍姍回到老家的貓房，根本無縫接軌，好像沒有離開過一樣。現在牠在那邊生活沒有問題，媽媽也很願意照顧牠，所以我暫時也沒有想再把牠帶過來。」飼主平靜地說。

我認為這是非常好的處置方式。飼主也很幸運，有一個非常輕鬆的方法，可以解決姍姍的狀況。

「這樣非常好，妳的問題似乎解決了，還需要我的任何協助嗎？」我以為我今天可以離開了，任務圓滿結束。

「是啊，我知道姍姍現在這樣暫時沒有問題，但是……」好的，轉折總是發生在這裡，「但是」二字後面銜接的任何句子，不管是什麼，我都準備好接招了。

「我有點不太放心讓媽媽照顧貓咪，姍姍也老了，我想要接過來自己照顧。」

我想起飼主先前說過，媽媽會帶街上的貓咪回家醫療或是中途，對貓咪的關愛當然是很足夠的。但對比姍姍相對漠然的性格，也許她怕媽媽的關愛，對姍姍來說有點太多了。

「我理解妳的顧慮。」我對飼主說。

「所以，我想請醫生評估，把姍姍帶過來由我照顧，這樣的可能性高嗎？這樣對牠會比較好嗎？」

至此，我真正了解今天的任務了。這個問題，非常值得好好討論一番。

有一句話說得非常好：「老化伴隨著身體和認知功能的衰退，在這個過程中，正常和疾病的界線變得難以辨認。」[42]

姍姍現階段沒有其他的內外科問題。牠來回踱步的行為，急診醫師認為是老貓的認知障礙的表徵。我們先來談談這個疾病。

認知障礙（cognitive dysfunction syndrome）在家犬和家貓都會發生。它和許多生理心理疾病一樣，在家貓身上的病徵不明顯，較不會引起飼主的注意，造成明顯的麻煩。換句話說，因為問題不明確、就醫紀錄少，家貓的疾病很容易被低估、忽略。然而實際上不管是老犬老貓，常常會有多重器官與系統的衰退，因此，為了保險起見，我們不好只是把牠們的問題當作「犬貓的認知障礙」，應該要放大懷疑疾病的範疇，當作「可能是各種器官老化——包括認知功能」。

如果你的動物是一台電腦，認知能力就像是牠的「軟體」，而身體就是「硬體」了。如果電腦使用久了，運轉起來越來越鈍鈍卡卡，最後有些程式開不了，有些功能無法執行，你會認為，這台電腦是「軟體不行了」還是「硬體不行了」呢？

當然兩者都有可能啊！

我偶爾會遇到一些飼主，發現老年動物的行為出現異常時，便直覺地認為「牠就是老了，這就是認知障礙的症狀」。這就像是電腦跑不動時，認為「這是作業系統（認知）過度老舊的關係」卻沒有考慮到硬體（身體）功能同樣需要被檢查與維修。使得一些生理疾病的症狀在初始浮現時，被忽略、消極對待，甚至被視為正常，進而讓動物失去被檢查以及被診斷的機會。這是非常可惜的。

舉例來說，有些狗狗年輕時很活潑，會主動迎門、跳上跳下；老了之後變得懶洋洋，總是趴在角落，活力和反應都變慢。飼主可能以為，這就是老狗的認知功能下降，像老人家會反應較慢一樣，而不以為意。殊不知狗狗活力差，有可能歸因於自身的骨關節疾病。身體疼痛的狗狗，不僅行動不便、不願意移動，也不再願意參與曾經喜愛的互動；慢慢地牠開始有一種被動、退縮的行為模式。

失去曾經喜愛的活動，不再享受跟飼主互動的時光，這樣的狗狗晚年會變得很寂寞，生活品質不佳。這就像是有些長輩，獨自就醫不便，卻往往不願給別人帶來麻煩，而隱忍自己的病痛。身體不舒服的他們，因為不敢出遠門，只好減少家庭旅遊、聚會，從社交裡面退出。久而久之，由於生活單調，缺少刺激與活動，肌肉與認知能力更加疏於練習，也更加速了他們的退化與老化。

因此，我們對待老年動物和我們對待老人家的方式一樣，在牠們「生活不便」的階段，應該給予身心的支持與耐心，並積極找出病痛的原因，進而給予醫療協助。如此一來才有可能延緩老化，提升生活品質，讓牠們的晚年生活明亮一些。當然，第一步就是要察覺牠們不舒服、不方便的徵兆，才能及早介入。像姍姍這種活力、互動需求、存在感原本就低落，幾乎被飼主當成植物在養的貓咪，無論是生理或認知的問題，都容易被忽略。

話說回來，典型的認知障礙，應該會有什麼樣的症狀呢？
認知障礙是一種以行為評估做為診斷標準的疾病。也就是說，我們對於認知障礙的行為有幾個「典型」的症狀描述。以下是目前最常見的幾個典型：

方向感迷失（disorientation）
社交需求改變（interaction changes）
睡眠失調（sleep/wake cycles alternations）
記憶和學習能力下降（house soiling, learning and memory declines）
活動力改變（activity changes）
焦慮（anxiety）

有人取各面向的英文開頭，做出一份簡稱為「DISHAA」評估量表。[43]這樣的量表起初是為了臨床使用方便而整理出來的，但卻不見得真正能帶來「方便」，反而會有可能會導致誤判。即使是同一種認知功能，當它失調或改變時，於每隻動物表現出來的樣貌都不太一樣。

以第一條「方向感迷失」為例，講得白話一點就是「迷路」。但要怎麼看得出來狗貓迷路了呢？牠又不會向你問路。這種問題最初期的症狀，有可能細微到非常難以辨認。我聽過好多個飼主描述，他們觀察到動物的異常表現是「在走廊上停下來，尾巴慢慢下垂，表情茫然」——這就有可能是動物在原本熟悉的家裡，失去東南西北，一下無法決定自己要往哪裡，「迷路」的樣子。但像這般微小的異常，許多飼主可能不一定會放在心上，甚至不會觀察到。中期的時候，常見的症狀有「頭頂著牆壁」、「經過門時等在門軸處，而非門扇開啟處」、「散步時無法繞過障礙物」。而當動物「卡在家具後面出不來」，這麼典型、明顯的症狀出現時，往往已經是認知障礙的晚期了。

在這麼撲朔迷離的過程中，有時候若飼主或醫生不夠細心或經驗不足，難免會有一些過於主觀判斷與臆測的成分，而錯失幫助動物的機會。這也是為什麼利用

DISHAA這類問卷時需要非常小心；要盡可能有意識地排除人為主觀的因素。

說到動物會在家裡「迷路」，不知有人是否會像我一樣想起家中的長輩？明明要吃飯了，她卻走到臥室裡；剛剛自己把眼鏡放在桌上，轉眼就忘了；筷子放在抽屜裡的固定位置十年不變，她卻突然找不到。

每次遇到疑似動物認知障礙的個案時，無論是貓還是狗，我都會把我九十七歲高齡的親阿嬤尊請出來，做為例子說明給飼主聽。犬貓的認知障礙和人的阿茲海默症，無論是在病變機制、病程演進、症狀、診斷方式等各層面，都有驚人的相似處。如果你有跟患有阿茲海默症的長輩相處的經驗，就不難看懂認知障礙犬貓的種種行為；可以說，「認知障礙」就是貓狗版本的「阿茲海默症」。

我們來清點一下阿茲海默症和認知障礙的各項雷同處：這兩者都會讓特定腦區如海馬迴和前額葉產生明顯異狀——腦實質的萎縮、腦室擴大、神經細胞數量與突觸的流失、beta 類澱粉蛋白（beta-amyloid）的斑塊出現等等。[44]人和動物的機制病變既然如此類似，在功能上產生的障礙形式當然也會類似（當然有時也會有若干差異）。

當「睡眠失調」發生在動物身上的時候，飼主就算想忽略也忽略不了。「失眠」的老年動物，典型的是牠們會夜間在家中來回走動、焦躁不安，甚至嚎叫，連帶讓飼主也睡不好、崩潰。因此，睡眠失調往往是認知障礙的種種症狀中，第一個被發現的（或者說，第一個無法容忍的）。老年的人類，雖然不至於夜間像動物般「嚎叫」，但有些阿茲海默症的患者，也會在夜間精神亢奮、來回走動並且絮絮多話，這點跟動物「失眠」時的症狀是很像的。

在看完老年人類與老年動物雷同的地方之後，讓我們回頭再討論姍姍，牠有認知障礙嗎？以現階段來說，我不是很確定。由於姍姍的異常行為，都發生在啾啾生病後的這幾個月。當啾啾身體狀況出現變化，牠自身氣味也有可能因此改變。再加上牠頻繁進出醫院帶回來不同的氣味，都有可能干擾了姍姍原本的平靜生活。除此之外，啾啾和飼主的情緒品質、作息因為醫療事件也大受影響，而啾啾與飼主對姍姍來說是重要的生活伙伴。這些林林總總的變化，對姍姍來說都是緊迫事件。生活中累積的壓力越來越龐大，導致姍姍的行為愈加有所改變，這點我想是可以理解的。

有報告指出，難以克服的壓力、長期的高量皮質類固醇，確實可能加速神經細胞的凋亡、阻礙神經新生，這些都是能導致人類罹患阿茲海默症的危險因子。[45]壓力會使阿茲海默症在人類身上發生，就當然也有可能藉由相同的機制，使認知障礙在動物身上發生。因此無論確診與否，我們應該幫助姍姍克服壓力，盡快地回到生活的常軌，就像之前啾啾沒有離開的日子一樣。

幸好的是，飼主要幫助姍姍回歸正常生活並不困難，她只要帶姍姍回到舊家，姍姍就像是回到軌道的行星，自動運轉了。

回到舊家的姍姍在生活範圍內表現正常，無論是使用貓砂、吃飯、休息與睡眠都進行得堪稱「精準」，而且也對固定的梳毛活動表現出期待且主動的態度。在我看來，這不像是一隻有認知障礙的貓咪會有的行為模式。假若你某天半夜被地震震醒後，接下來幾個晚上徹夜未眠，卻又在一週內恢復正常，相信你也不會因此就被醫生診斷為失眠。

剛剛提到，我常常會對照九十七歲的阿嬤跟老年動物，比較其中的雷同處。在姍姍的故事中，牠跟阿嬤最像的是什麼呢？

說到阿嬤，自從我搬回家與她同住，已經三年多。她每天早上跟我同桌吃早餐，都像是第一天看到我。她不認得我，也記不住我。已經三年，她沒有辦法形成關於「我這個人」的記憶。除了無法形成新的記憶之外，原有的記憶也在流失。不只是我，偶有親朋好友來探望，大家喜歡玩「猜猜我是誰」的遊戲，要求阿嬤一一報名，來考驗各位親朋好友在阿嬤心中的重要性。有時阿嬤心情好精神好陪大家玩一玩，但很快地她會使出一個斜眼、嘆氣，就從配合大家的遊戲中退出，抿嘴不語，不知是累了或是厭了。

我想，應該是很累的吧，阿嬤的記憶像沙，風吹水蝕，過往的風景漸漸模糊，身在其中的人漸漸消失；在她慢慢地發現自己無法掌握記憶的同時，身在其外的人還要考驗她，看看她忘到什麼程度，是否忘到底了。也難怪她拒絕加入；這真的是很殘忍的遊戲。

有些事情阿嬤記得很清楚，她記得清楚的那些事情，我都不記得，應該說，我來不及參與。有時候阿嬤狂躁起來，會整晚多話，叨念著一些我沒聽過的名字，沒有印象的地方。爸爸（他是少數阿嬤記得的人）說，阿嬤在唸的那些名字，那些地方，是確有其事的，但早就沒有了。她想見的人都走了，她想回的舊家也不在了。

我不知道是否在睡夢中她穿越了時間，回到她精神活力最旺盛的那個年代；醒來後卻發現自己身在記憶不穩固的新家，身邊沒有一個她記得起的人。莫怪她整夜多話。最寂寞的是，她說的話甚至很少人能懂，因為她口頭上回憶的那個時空，早已消逝了。

姍姍會不會是類似的狀況呢？新近的記憶不穩固，年輕時的記憶歷久彌新。這是人與動物都要面對的現實。但還好動物的生命比較短暫，我們可以幫牠保留那個牠年輕、精力旺盛時，擁有快樂回憶的環境。牠想念的生活伙伴已經不會再回來，但至少牠想念的舊家還在。

我們可以讓牠最後的一些日子回到舊家，回到牠無憂無慮的記憶裡。

「回舊家，也沒有不好，至少牠還可以回去。」我是這樣跟飼主說的，沒有說的是，我阿嬤想回都回不去。

飼主用一個釋然的微笑回應我。

最後，我仍然開了一些功課給飼主，請她對姍姍做一些簡單的測驗，看看姍姍是否還有解決事情的能力、是否還能夠對新事物產生興趣。這些測驗有助於判斷姍姍的認知能力是否衰退，是否真的有認知障礙的徵兆。但無論測驗的結果是如何，我想姍姍的飼主已經知道怎麼做是對姍姍比較好的了。

後語

謝謝您閱讀這本書。

跟許多辛苦的作者比起來，這本書從構思、動筆到完稿的時間，並沒有太長，但早在我赴英修習動物行為碩士時，就已經認知到「書本做為與大眾溝通的工具」的必要性。甚至在申請學校時，便把出版的構想寫在讀書計畫裡面。

原因無他，我感覺「重新思考伴侶動物的情緒」這件事，需要至少一本書的篇幅，而不只是一篇文章、一個小時的 podcast、一個 YouTube 影片的點擊可以說明的。在凡事講求速成的年代，很感謝耐心讀完這本書、體會這些故事的您。

書中的所有人物動物，都是有血有肉的，與他們工作的過程中，我盡力去感受他們的情緒與表達，無論是苦惱或是喜悅。因此寫作的過程對我來說並不太困難，我只是在工作結束回家後，回想今天遇到的個案當中的不同角色，他們各自的感受、立場和想法如何，逐一地將這些經驗如實褪下，寫在文章裡，末了再加上我的看法與若干客觀資料佐證，整理成「聽完感性的故事，讓我們用理性想想如何解決問題」這樣的文章結構。這樣的過程就是放下，這對我而言是種療癒，我很享受這個過程；就像工作完回家洗個澡，把今天的雜念都洗淨一樣。我希望卸下的，不只是飼主沈重的期望、動物待化解的壓力，還有我力有未逮的無力感。

工作時，我經常遇到固執而老舊的信念、物化犬貓的觀念所造成的無理要求，加總起來，變成了冀望過高、短時間無法改善，而感到失望的委託。「我想要訓練狗狗在家上廁所。」的飼主，可能沒有理解到，外出散步對狗狗不只是散步而已，上廁所也不只是「把尿液從膀胱排放出來」單純的生理需求而已。每天固定時間的遛放，是狗狗活動身心、接受外界資訊的機會。在飼主的陪伴跟保護之下，可以和外界有適度的探索、交流；並且透過嗅聞和排泄，留下自身的訊號，等同於和其他動物書信往來，可滿足社交需求，這是在家中如廁無法取代的功能。

「我希望狗狗可以乖乖洗澡，不要咬人」的飼主，可能沒有理解到，攻擊是動物出於極度的恐懼，在沒有其他更好的選擇之下，才做出的失控行為。與其討論「如何不要讓牠咬人」，我們更應該討論「如何不要讓牠感到恐懼」，因為我們不只是希望控制牠的行為，而是更進一步的，採取措施保護牠的情緒。

動物行為學（Ethology/ Animal behavior）以「行為」為名，但我們追求的是理解動物的基本需求、尊重動物與人類的差異，並基於對雙方都公平可行的前提上，擬定一些動物與飼主的生活共識，好讓動物能擁有更平穩的情緒、更多的壓力緩衝、更好的溝通管道；不再凡事以「人」為中心。

這其中的核心概念，滿接近動物福利（Animal welfare）這門科學的宗旨。可惜的是，動物福利本身偏向哲學性的人文科學，並不受到傳統「實用」導向的教育青睞，因此至少在我的求學過程中，相對不受到重視。

我想，就是因為有「以實用為目的」的教育，才會有這麼多飼主提出「教我如何不讓貓咪抓沙發」、「教我如何不讓狗狗吠叫」的要求。當我們願意退一步思考「為什麼貓咪要抓沙發」、「為什麼狗狗要吠叫」這些問題的核心時，就是以動物福利、動物行為角度切入，尋求解決辦法的思考模式。

找出問題的原因，才能真正解決問題，因為沒有一個解法，可以適用全天下相似的問題。每個個體都是獨一無二的，每個飼主和動物之間的相處模式、化學反應，也是獨一無二的。而在「找出原因」的階段，往往就會花上很長的時間，這需要飼主付出相當的耐心。

大眾對動物行為的認知，應該從「如何處理問題」，往後退一步到「如何弄清問題核心」。然而現實是，當飼主對於動物的行為感到苦惱時，嘗試自行做功課，在網路上鍵入了關鍵字，會跳出海量的農場文章，片面、去脈絡化的標題和內容諸如「用尾巴解讀狗狗心情」、「三招教你的貓咪不再挑食」，建構出零碎、缺乏邏輯的概念，讓飼主更加的迷惘。

回到一開始說的，「重新思考伴侶動物的情緒，需要至少一本書的篇幅」這件事。事實上，一本書只能算得上開始，我以為，思維的反轉需要至少一個世代。最理想的做法，應該是從教育就開始落實：將「動物福利」編列到基礎教育裡，畢竟動物對我們的角色不只是「伴侶動物」而已，時至今日，身而為人，食衣住行方方面面都跟動物脫不了關係；如何引導我們的下一代，思考我們其實使用（甚至濫用）了多少動物的隱形成本，來獲得如此便利的生活，應當是當代社會人的必修課題。

說來雖然語氣嚴肅，但事情已經在好的走向上了。

以我個人從事臨床獸醫大約十年的觀察，確實有感受到動物的地位逐漸提升、「如何做一個合格的飼主」的觀念，也慢慢地被落實。十年前我剛開始工作時，飼主責任的觀念還不太明確，照顧動物像是一種優越感的展示——我有能力對你好；但同時也暗示了「我沒有義務一直對你好，只要我需要，隨時可以終止」。對動物的喜愛若缺乏了責任感，就像是一種單方面的給予（或是施捨），一種

「萍水相逢，我就幫你一時」的概念，裡頭沒有包含承諾，也沒有周全的思慮。在動物老年、生病時，飼主會提出「沒有人告訴我養動物需要這麼多花費、這麼麻煩」這類的看法，同時將精神上、經濟上的壓力、挫折感，轉而投向動物醫院第一線的工作人員。若飼主的投入意願、配合度低，在動物醫院工作的我們，就會被深深的無力感縈繞。

好在，飼主責任的觀念慢慢地普及了之後，新的想法產生了。「決定取得動物的同時，就表示同意照顧牠的生老病死、不輕言放棄」、「喜愛動物，不只是喜愛牠的某一部分，而是喜愛牠的全部」。愛一個動物，代表願意為動物的所作所為負責；不只是顧及牠的生理需求，也擔起管理與教養牠的責任。這十年間，看到愈來愈多飼主願意付出大把的金錢和時間，開始真正在乎他的動物。相關產業也如雨後春筍般興盛：寵物用品、住宿、食品保健品、溝通師、訓練師等等……這再再說明大眾越來越願意將動物做為生活中的一份子，關心動物的生理與心理需求。

願意接納動物做為家中一份子，也願意為這個目標努力。然而，充滿無力感、迷惘的飼主，仍然很多。遇到動物生理或心理出現了狀況，「做為飼主，我該怎麼辦？」這個疑問，仍然深深的困擾著許多人。為了試圖解決這些困擾，就是這本書的起源。書中的十一個故事，在我執業的經驗中，都稱不上是「嚴重」的問題，而是飼主「轉個念」便可以豁然開朗的。遇到這樣的個案時，我心中總不免會想，若能早點幫助他們解開這些心結，甚至是在飼養動物之前，讓飼主教育能更普及一些，這些糾結是不是根本不會產生、也可以少讓動物受苦一些？

本書的發生，有賴許多人的幫忙：

我的編輯方竹，我們是結識十年的好友，在我想要以書本與大眾對話時，第一個跟他提起，他毫不猶豫地幫我開啟這個窗口，提供這個機會。

我的第一個碩士指導教授：臺灣大學獸醫所的老師張芳嘉榮譽教授，給予了我兩年的指導。我的研究主題圍繞著動物的壓力、憂鬱傾向與睡眠障礙。這兩年的訓練，提供了我有別於一般獸醫師的思維。

我的第二個碩士指導老師：英國林肯大學的 Daniel Mills 教授，在我於英國修業的期間，向我展示了一個做為研究型學者的熱忱，並鼓勵我勇敢走與其他獸醫不一樣的道路；正是因為台灣行為獸醫的概念不普及，才值得我努力。

「會思考的狗行為獸醫團隊」的林瑋真獸醫師，在我剛回台灣，苦惱於英國國情與台灣不同、不知如何將所學適用於環境時，慷慨的分享她執業數年的經驗。她的悉心提點讓我避免了許多嘗試的錯誤，也給了我信心與勇氣。

同團隊的謝明穎、李羚榛獸醫師、讓我開設行為門診的逗號動物醫院鍾沂勳獸醫師，以及對獸醫行為醫學抱持開放態度的其他獸醫師與前輩，這幾年來一直提供我幫忙與經驗分享。

然後，還有我接觸過的各位飼主，謝謝你們願意向我打開心房，透露與自己的動物相處的點點滴滴，我才有機會從中找到能夠協助的機會。

撰寫後記時，我正懷著即將出世的兒子。有許多資料都告訴我們，人寵關係和親子關係有著奇妙的相似之處。我知道做為女兒是什麼樣的心情，但我一直沒有機會體會做為母親的感覺，直到懷孕後，生產前我才明白什麼是「害怕沒有把你照顧好」的焦慮。但我還是想要謝謝他願意來到我的生命裡，在這本書即將出版之際。

最後，還要謝謝每個來到、或者來過我生命的動物們，每一個你都教了我一些事情。雖然你們的生命相較於人類短暫，但留存在我心中的事情，是恆久不會抹滅的。

註解

1. Bradshaw, J. (2011). In Defence of Dogs: Why Dogs Need Our Understanding. Allen Lane.

2. https://www.rspca.org.uk/adviceandwelfare/pets/dogs/company/children

a. https://www.bluecross.org.uk/advice/dog/keeping-your-family-dog-and-visiting-children-saf

b. RSPCA 整理了六個幼童和犬隻的相處原則：

- 不要讓幼童與犬隻獨處，即便是您自己的家犬
- 以下情形不應該讓幼童靠近犬隻

✓犬隻正在進食

✓犬隻擁有玩具或是其他喜愛的物品

✓犬隻正在睡覺

✓犬隻受傷、不適，或是疲憊

✓犬隻聽力或是視力不良

- 幼童與犬隻互動時應溫柔與禮貌，不可攀爬到身上、拉扯耳朵，或任何不應對其他幼童做的事情
- 應教導如何正面的與犬隻互動，如執行簡單的指令：握手等
- 幼童與犬隻互動時應保持監控，若犬隻表現不開心或是沒有意願，確保牠能夠隨時離開
- 不要讓幼童靠近任何不認識的犬隻

3. Reisner, I. R., Nance, M. L., Zeller, J. S., Houseknecht, E. M., Kassam-Adams, N., & Wiebe, D. J. (2011). Behavioural characteristics associated with dog bites to children presenting to an urban trauma centre. Injury prevention, 17(5), 348-353.

a. Mills, D, S., Westgarth, C. (2017). Dog Bites: A Multidisciplinary Perspective. 5m Publishing.

4. Meints, K., Racca, A., & Hickey, N. (2010). How to prevent dog bite injuries? Children misinterpret dogs facial expressions. Injury Prevention, 16(Suppl 1), A68-A68.

5. Purewal, R., Christley, R., Kordas, K., Joinson, C., Meints, K., Gee, N., & Westgarth, C. (2017). Companion animals and child/adolescent development: A systematic review of the evidence. International journal of environmental research and public health, 14(3), 234.

a. Van Houtte, B. A., & Jarvis, P. A. (1995). The role of pets in preadolescent psychosocial development. Journal of Applied Developmental Psychology, 16(3), 463-479.

6. Turner, D. C., 2014. Behavioural development in the cat. In: Turner, D. C., Bateson, P. (Ed.) The Domestic Cat: the Biology of its Behaviour, 3rd Edition. Cambridge University Press, Cambridge

a. Finka, L. R. (2022). Conspecific and human sociality in the domestic cat: consideration of proximate mechanisms, human selection and implications for cat welfare. Animals, 12(3), 298.

7. Bradshaw, J. W. (2016). Sociality in cats: A comparative review. Journal of veterinary behavior, 11, 113-124.

a. https://icatcare.org/advice/the-social-structure-of-cat-life/

8. 無聊（boredom）對於動物福利是有害的，但在野外的貓咪，由於環境未受限制，仍有機會依照自己的意願主動參與各種狩獵、探索、覓食等活動，因此真正感受到無聊的機率較低。全室內的貓咪由於環境較為封閉單調，可能受到無聊的影響，但可以透過環境豐富化（environmental enrichment）來改善。這裡想要強調的是，缺乏社交活動與無聊並沒有絕對的關係。

9. Kessler, M. R., & Turner, D. C. (1999). Socialization and Stress in Cats (Felis Silves Tris Catvs) Housed Singly and in Groups in Animal Shelters. Animal Welfare, 8(1), 15-26.

10. Asher, L., England, G. C., Sommerville, R., & Harvey, N. D. (2020). Teenage dogs? Evidence for adolescent-phase conflict behaviour and an association between attachment to humans and pubertal timing in the domestic dog. Biology letters, 16(5), 20200097

11. Ogura, T., Maki, M., Nagata, S., & Nakamura, S. (2020). Dogs (Canis Familiaris) gaze at our hands: A preliminary eye-tracker experiment on selective attention in dogs. Animals, 10(5), 755.

12. Human Animal Bond Research Institute. https://habri.org/

13. Merkouri, A., Graham, T. M., O' Haire, M. E., Purewal, R., & Westgarth, C. (2022). Dogs and the good life: a cross-sectional study of the association between the dog–owner relationship and owner mental wellbeing. Frontiers in Psychology, 13, 903647.

14. 短吻犬的呼吸道阻塞症候群（Brachycephalic obstructive airway syndrome、BOAS）請見 https://wsava.org/boas/ 截至 2023 為止，荷蘭和挪威等國已頒佈短吻犬的繁殖禁令，荷蘭更進一步禁止飼養與擁有。

15. Camps, T., Amat, M., & Manteca, X. (2019). A review of medical conditions and behavioral problems in dogs and cats. Animals, 9(12), 1133.

16. Mills, D. S., Demontigny-Bédard, I., Gruen, M., Klinck, M. P., McPeake, K. J., Barcelos, A. M., ... & Levine, E. (2020). Pain and problem behavior in cats and dogs. Animals, 10(2), 318.8.

17. Müller, C. A., Schmitt, K., Barber, A. L., & Huber, L. (2015). Dogs can discriminate emotional expressions of human faces. *Current Biology*, 25(5), 601-605.

18. Miklósi, Á., Kubinyi, E., Topál, J., Gácsi, M., Virányi, Z., & Csányi, V. (2003). A simple reason for a big difference: wolves do not look back at humans, but dogs do. Current biology, 13(9), 763-766.

19. Zaine, I., Domeniconi, C., & Wynne, C. D. (2015). The ontogeny of human point following in dogs: When younger dogs outperform older. *Behavioural processes*, 119, 76-85.

20. Mariti, C., Gazzano, A., Moore, J. L., Baragli, P., Chelli, L., & Sighieri, C. (2012). Perception of dogs’ stress by their owners. *Journal of Veterinary Behavior*, 7(4), 213-219.

a. Bloom, T., & Friedman, H. (2013). Classifying dogs’ (Canis familiaris) facial expressions from photographs. *Behavioural processes*, 96, 1-10.

21. 蛋蛋飼主明顯低估了蛋蛋對於聲響的恐懼與反應，很遺憾的，這個狀況並不罕見。打開影音平台隨手一搜，就可以找到大量的類似影片：動物正因為某些聲音感到害怕、激動，但飼主不以為意，甚至覺得有趣、滑稽。請參考：Grigg, E. K., Chou, J., Parker, E., Gatesy-Davis, A., Clarkson, S. T., & Hart, L. A. (2021). Stress-Related Behaviors in Companion Dogs Exposed to Common Household Noises, and Owners' Interpretations of Their Dogs' Behaviors. Frontiers in veterinary science, 8, 760845.

22. Mason, G., & Latham, N. (2004). Can't stop, won't stop: Is stereotypy a reliable animal welfare indicator? Animal Welfare, 13(S1), S57-S69.

23. 吠叫(Barking)嚴格說起來也有細微的差別，例如高亢的聲音頻率通常出現在狗狗有需求、打招呼時。而想要威嚇、趨避時，則會出現較低沈的吠叫聲響。然而，吠叫仍然不是一種足夠精確的表達，需要搭配情境、事件、肢體語言等等，才能對狗狗吠叫的行為做出較合理的詮釋。

24. Toro, C. J. D., Nekaris, K. A. I. (2019). Affiliative Behaviors in Encyclopedia of Animal Cognition and Behavior. Springer.

25. Topál, J., Miklósi, Á., Gácsi, M., Dóka, A., Pongrácz, P., Kubinyi, E., ... & Csányi, V. (2009). The dog as a model for understanding human social behavior. Advances in the Study of Behavior, 39, 71-116.

26. 相較之下，貓咪是不典型的社會性動物；牠們比較期望個體與個體之間「保有彈性」，在資源豐沛的前提之下，才有可能建立好的關係，預設的行為與人類差距甚大，因此貓飼主們更須要主動學習與了解貓的社交行為。若不小心以人類的想法套用在貓身上，往往會帶來不當的期待與誤解，造成雙方的傷害。

27. McEvoy, V., Espinosa, U. B., Crump, A., & Arnott, G. (2022). Canine socialization: a narrative systematic review. Animals, 12(21), 2895.

28. 以我個人執業的經驗，飼主常常將「社會化」字面上解讀為「社交」的意思，可能源自人類社會，這兩詞幾乎是同義詞。在狗的行為科學中，社會化指稱的的內容更加的廣泛，社會化不良的狗狗也不僅是社交技巧不佳而已，對於與人互動、陌生事物、聲響等，都更可能產生不適應、恐懼與焦慮的反應，也有更高的機會產生行為問題與被棄養。

29. Beaver, B. V. (2008). Canine Behavior. Saunders.

30. 其他會影響犬隻個體的性格、適應性、社交性等的因素眾多，包括品種、基因、母體環境與經驗、營養等，絕非三言兩語可以交代清楚。本文聚焦在社會化時期與早期經驗，故暫時忽略其他因素。

31. Appleby, D. L., Bradshaw, J. W., & Casey, R. A. (2002). Relationship between aggressive and avoidance behaviour by dogs and their experience in the first six months of life. The Veterinary record, 150(14), 434–438.

32. Freedman, D. G., King, J. A., & Elliot, O. (1961). Critical period in the social development of dogs. Science, 133(3457), 1016-1017.

33. Stelow, E (Editor). (2022). Clinical Handbook of Feline Behavior Medicine. Wiley-Blackwell.

34. Beaver, B. V., (2008). Canine Behavior: Insights and Answers. Saunders.

35. Stoyanov, G. S., Matev, B. K., Valchanov, P., Sapundzhiev, N., Young, J. R., & Matev, B. (2018). The human vomeronasal (Jacobson’s) organ: a short review of current conceptions, with an English translation of Potiquet’s original text. Cureus, 10(5).

36. Simpson, B. S. (1997). Canine communication. Veterinary Clinics: Small Animal Practice, 27(3), 445-464.

37. https://fearfreepets.com/

38. 賈克・潘克賽普（Jaak Panksepp）教授：愛沙尼亞裔美國神經科學家，為情感神經科學（affective neuroscience）的先行者。其最知名的發現為老鼠在被騷癢（tickle）腹部時，會發出類似「笑聲」的高頻聲響，暗示老鼠喜歡並享受這樣的互動。在行為學派為學術界主流的年代，潘克賽普的研究一開始不被接受，甚至受到相當的抨擊。他並提出哺乳類擁有七大基本的情緒系統，分別為：追尋（SEEKING）、恐懼（FEAR）、憤怒（RAGE）、性慾（LUST）、關愛（CARE）、悲傷（GRIEF）、快樂（PLAY）。

39. The science of emotions: Jaak Panksepp at TEDxRainier
https://www.youtube.com/watch?v=65e2qScV_K8

40. Spitznagel, M. B., Jacobson, D. M., Cox, M. D., & Carlson, M. D. (2017). Caregiver burden in owners of a sick companion animal: a cross‐sectional observational study. Veterinary Record, 181(12), 321-321.

41. Spitznagel, M. B., Gober, M. W., & Patrick, K. (2023). Caregiver burden in cat owners: A cross-sectional observational study. *Journal of Feline Medicine and Surgery, 25*(1), 1098612X221145835.

42. Salvin, H. E., McGreevy, P. D., Sachdev, P. S., & Valenzuela, M. J. (2011). Growing old gracefully—Behavioral changes associated with “successful aging” in the dog, Canis familiaris. *Journal of veterinary behavior*, 6(6), 313-320.

43. Landsberg, Dr. G. COGNITIVE DYSFUNCTION SYNDROME EVALUATION TOOL. Purina Institute. https://www.purinainstitute.com/sites/default/files/2021-04/DISHAA-Assessment-Tool.pdf.

44. Tapp, P. D., Siwak, C. T., Gao, F. Q., Chiou, J. Y., Black, S. E., Head, E., ... & Su, M. Y. (2004). Frontal lobe volume, function, and β-amyloid pathology in a canine model of aging. *Journal of Neuroscience*, 24(38), 8205-8213.

45. Milligan Armstrong, A., Porter, T., Quek, H., White, A., Haynes, J., Jackaman, C., ... & Groth, D. (2021). Chronic stress and A lzheimer's disease: the interplay between the hypothalamic–pituitary–adrenal axis, genetics and microglia. *Biological Reviews*, 96(5), 2209-2228.

國家圖書館出版品預行編目 (CIP) 資料

帶牠回家的路上：行為獸醫師想告訴你的十一則故事 / 徐莉寧 (獸醫師阿默) 作 .
-- 初版 . -- 臺北市 : 大塊文化出版股份有限公司 , 2024.03
面；　公分 . -- (Smile ; 204)
ISBN 978-626-7388-37-2(平裝)

1.CST: 犬 2.CST: 貓 3.CST: 動物行為 4.CST: 寵物飼養

437.354　　113000019